现代农业科学精品文库
CAAS

"十三五"国家重点图书重大出版工程规划项目
中国农业科学院科技创新工程资助出版

中国沼气
——历史与发展

China Biogas—History and Development

王登山 ◎ 主编

中国农业科学技术出版社

图书在版编目（CIP）数据

中国沼气．历史与发展／王登山主编．—北京：中国农业科学技术出版社，2019.10

ISBN 978-7-5116-4360-5

Ⅰ.①中…　Ⅱ.①王…　Ⅲ.①沼气工程-研究-中国　Ⅳ.①S216.4

中国版本图书馆 CIP 数据核字（2019）第 183294 号

责任编辑　闫庆健　王思文　马维玲
文字加工　潘月红
责任校对　李向荣

出 版 者　中国农业科学技术出版社
北京市中关村南大街 12 号　邮编：100081
电　　话　（010）82106632（编辑室）　（010）82109702（发行部）
（010）82109709（读者服务部）
传　　真　（010）82106625
网　　址　http://www.castp.cn
经 销 者　各地新华书店
印 刷 者　北京科信印刷有限公司
开　　本　787 mm×1 092 mm　1/16
印　　张　9.75
字　　数　195 千字
版　　次　2019 年 10 月第 1 版　2019 年 10 月第 1 次印刷
定　　价　50.00 元

《中国沼气——历史与发展》

编　委　会

主　　编：王登山

编　　委：蔡　萍　胡国全　邓　宇　王　超
邓良伟　张　敏　冉　毅　席　江
何明雄

编写人员：（按姓氏笔画排序）
王　琳　王登山　龙　燕　田　涛
刘　刈　刘　伟　江光华　苏小红
李文祥　李冰峰　李景明　吴延萍
邱永洪　何明雄　张春雨　张健军
张　敏　张　蓓　陈　杰　赵　凯
胡国全　侯　斌　郭　亮　唐志荣
黄志华　黎方强

前　言

我国是研究、开发人工制取沼气技术较早的国家。新中国成立后，沼气事业发展迅速。由于在可再生能源开发、农业废弃物资源循环利用、温室气体减排和新农村建设中的独特作用，沼气技术一直受到我国政府的重视。20 世纪 70 年代末 80 年代初，针对我国农村地区能源消费水平低、短缺严重，利用效率低、浪费严重的现象以及农业生态环境进一步恶化的状况，中央政府明确提出“农村兴办沼气是合理利用农业自然资源的有效途径，关系到我国农村能源建设、有机肥料建设、环境保护和卫生建设，是实现农业现代化的一个重要内容”，相继成立了专职管理机构——全国沼气建设领导小组和专业科研单位——农业部沼气科学研究所。

自 1983 年，我国“六五”计划采纳了农村能源建设“因地制宜、多能互补、综合利用、讲求实效”的方针，第一次将农村能源建设列入国民经济计划。30 多年来，中国的农村能源建设取得了巨大成绩：农村地区能源消费水平和利用效率显著提高，生态环境得到改善，有效提高了农民的生活质量，特别是以沼气为纽带的各种生态农业生产模式的推广应用，不仅初步实现了能流、物流的良性循环，还给农民带来了可观的经济效益。

2000 年始，我国政府把发展农村沼气作为解决农村能源问题和治理环境的重要措施来抓，推进了以实施“生态富民工程”和以户用沼气为主的战略，使我国沼气建设步入了快速发展时期。2018 年，《乡村振兴战略规划》出台，中央政府明确提出“乡村振兴，生态宜居是关键”，要“加快推行乡村绿色发展方式，加强农村人居环境整治”，建立农村有机废弃物收集、转化、利用网络体系，推进农林产品加工剩余物资源化利用，深入实施秸秆禁烧制度和综合利用，开展整县推进畜禽粪污资源化利用试点。我国沼气建设进入了全新发展的历史时期，力争实现农村经济、能源和生态等多方面的共赢。

本书编辑出版得到了农业农村部农业生态与资源保护总站、四川省农村能源办公室、云南省农村能源办公室、湖北省农村能源办公室、广西壮族自治区农村能源办公室、陕西省农业环境保护监测站、黑龙江省能源环境研究院、河北省新能源办公室、湖南省农委农村可再生能源处等单位的大力支持，在此一并表示感谢。同时也参考、引用了国内外专家学者、工程技术和管理人员卓著的成果。本书的完成得益于作者所在单位以及国内外沼气领域科技工作者和工程技术人员长期科研和工作积累的总结，谨向前辈们和相关著作者的贡献表示敬意与感谢。

由于编著者水平有限，难免存在一些疏漏、不妥甚至错误之处，希望读者给予谅解并提出宝贵意见。

《中国沼气——历史与发展》编写组

2019 年 6 月于成都

目　　录

第一部分　发展历程

第二部分　发展现状

第三部分　未来发展

第一部分　发展历程

第一章　发展历史及主要成就

沼气是有机废弃物经过厌氧发酵产生的以含甲烷为主的可燃气体，是一种新型、清洁、可再生的生物质能源。发展沼气，特别是农村发展沼气，是我国农村的一项重要能源建设、有机肥料建设和环境卫生建设，对于解决农村农民的生活燃料、积造优质有机肥料、改善农村环境卫生、保护森林和草本植被、维护生态环境具有重要作用，是可持续发展的一个重大举措。在党和政府的提倡、重视和支持下，经过数十年的建设，我国沼气建设取得了举世瞩目的成就，其发展速度、数量、规模、地域覆盖面、应用范围和取得的综合效益均居国际领先水平。

第一节　发展历史

一、1920—1942 年

我国台湾省新竹县罗国瑞经过 10 余年的潜心研究，在 1920 年前后建成了我国第一口人工制取沼气的沼气池，后续又修建了 10 多口，取名“中华国瑞天然瓦斯库（沼气当时被称为瓦斯）”。1929 年夏，在广东省汕头市开办了国瑞瓦斯汽灯公司。1931 年，公司迁到上海，更名为“中华国瑞瓦斯总行”，并在全国 14 个省、21 个市和 15 个县建立了分行。这些机构先后培训了沼气技术人员 1 000多名，修建了大批沼气池，最大容积为 $102m^3$。因抵制日货，1942 年秋“中华国瑞瓦斯总行”遭日本人烧毁被迫停业，各分行也相继关门，长达 20 余年的我国第一次推广沼气活动就此中断。

二、20 世纪 50 年代

1957 年 1 月，中南材料科学研究所工程师姜子钢（20 世纪 30 年代曾在“汉口天然瓦斯传习所”学习沼气技术）响应国家“采用多种途径寻找新能源”的号召，提出用有机废弃物生产沼气的建议，得到湖北省委的支持，当年 3 月成功地建成示范沼气池。

不久，湖北省在武昌召开了全省推广沼气现场会，《人民日报》《长江日报》均在头版头条做了报道。全国各地纷纷派出人员前往参观学习。为了培训技术人员，1958 年上半年，农业部委托中国农业科学院、北京农业大学举办了全国沼气技术培训班，全国许多地方都兴办起沼气。1958 年 4 月 11 日，毛主席在武汉地方工业展览会上参观沼气，指示“沼气又能点灯，又能做饭，又能作肥料，要大力发展，要好好推广”（摘自人民网>>新农村>>三农热点专题，2010 年 1 月 10 日，http：//finance. people. com. cn/nc/GB/61937/211989/13735528. html）”。

第二次全国大规模推广沼气，由于操之过急，忽视技术和科学管理，加之其他客观因素的制约，建成的数十万口沼气池相继废弃，此后多年推广沼气工作处于停滞状态。

第二节　发展阶段

20 世纪 70 年代起，在党和政府的高度重视和大力支持下，我国沼气建设重新启动，进入了新的发展阶段。

一、启动、试点和示范阶段

20 世纪 60 年代，四川省中江县龙台公社社员陈锡祜（曾任中学化学老师、小学校长）在家建成一条石结构水压式沼气池，供家里煮饭、点灯。

1967 年，四川省绵竹县血吸虫病防治研究所赖耀富在绵竹县开展了沼气实验。他们的实验证明，农村发展沼气对解决农民的炊事燃料、防治血吸虫病有很好的作用。

为了推广中江、绵竹试办沼气的经验，当时的四川省革委会在四川省中江县召开了全省沼气现场经验交流会。

1972 年 11 月，为推广四川办沼气的经验，农林部、中国科学院在四川省中江县召开了“全国推广沼气经验交流会”，1978 年 6 月，国家计委、国家经委和农林部又在四川省绵阳县召开了第二次“全国推广沼气经验交流会”。

1979 年，在北京召开了“全国沼气工作会议”，国务院批转了农业部等部委《关于当前农村沼气建设中几个问题的报告》（国发 1979（222）号文）。人民日报、新华通讯社、中央人民广播电台等中央主流媒体和一些省级主流媒体对发展沼气情况作了宣传报道。从此，在党和政府的重视和支持下，我国农村发展沼气又重新启动，各地纷纷开展试点和示范工作，推进了推广沼气的发展。

四川省是当时沼气发展最快的地区，许多地方纷纷派人到四川学习办沼气的经验和技术。1974 年，在陕西省延川县梁家河村任大队支部书记的习近平同志看到 1974 年 1

月 8 日《人民日报》介绍四川省推广沼气的报道后，引起关注和兴趣，产生了到四川学习办沼气、解决当地缺煤缺柴问题的想法。他把这个想法告诉了时任延川县委常委、县革委会副主任张之森同志，没有想到张之森也有这个考虑，两人不谋而合。张之森把此事向延川县委作了汇报，县委很重视，决定抽调 3 个公社的 6 个同志，加上张之森，组成延川县学习沼气的代表团，到四川去学习经验。

1974 年 4 月，习近平同志就先与北京驻延川干部柏根柱等 3 人一起专程到四川省遂宁县等地学办沼气，当年四川办沼气，也刚起步不久，还有不少问题没有完全解决。陕北气温低、土质疏松，植被稀少，秸秆缺乏，在陕北办沼气比在四川办沼气还难，所需的技术还高。短暂的参观学习后，习近平只是带回去一个石匠就开始建池，建池过程中遇到的技术问题都靠他解决。习近平在学习实践的基础上，又根据陕北的气温、土质情况进行了创新，用“石板环砌套制”建成了陕西省第一口沼气池（图 1-1），建成后产出沼气。习近平建成陕西第一口沼气池，被贫下中农誉为“大办沼气的闯将”，被评为延川县“上山下乡知识青年积极分子”，为随后在延川县掀起一场轰轰烈烈的“沼气革命”奠定了基础。延川县委在 1974 年第 8 期《延川情况》上，通报表彰了习近平和他所领导的梁家河大队党支部。

图 1-1　陕西省第一口沼气池

1974 年 12 月，那时延安还没通火车，习近平同志等 7 人代表团坐了两天汽车到西安，然后又坐火车才辗转来到四川省成都市，然后又辗转多地，颠簸劳顿，学习沼气技术。在四川省委安排下，四川省沼气办公室的同志全程陪同。为让代表团“能看得到的都给他们看到，能教的都给他们教会，能学到的都让他们学会”，代表团走了 5 个地、市 17 个县，历时 40 多天，考察了四川省各地沼气池建设情况，系统学习了如何用石头、黏土、砖、石板修建沼气池，重点学习了如何保证沼气池不漏水，入料口、出料口以及密封口怎么修建。正如习近平说“我在陕北插队的时候，来到四川学办沼气。池子怎么挖？挖的时候有多大弧度？口留多大？出料口和进料口的角度怎么设计？口怎么封？池壁刷几道水泥浆？这里面有很多细节，我都是一一弄懂了才去实践的”。同时，习近平和黑荫贵同志还专程去四川德阳县农机二厂学习柴油机改装沼气发电机技术。习近平他们每见一个沼气池必下去，到每一个地方必问得非常清楚，代表团如此认真的学习精神，让陪同的人非常感动。

回延川后，县里成立了延川县沼气办公室，设立梁家河村、关庄村和城关村为沼气试点村，试点修建沼气池。试点成功后，县里提出大办沼气 100 天，要求这 3 个村要实现沼气化，80%的农户都能用上沼气。当年，全县建了 3 000 个沼气池，1975 年 8 月，在陕西省延川县梁家河村召开了全省推广沼气现场会。推广时，梁家河村和关庄村还建了两个大的沼气池，用习近平和黑荫贵同志带回的图纸，成功改装柴油机为沼气发电机，利用沼气进行发电。“典型引路，遍地开花”（《延川情况》1974 年第 8 期），陕西省掀起的大办沼气热潮，使延安人民世世代代，祖祖辈辈缺柴做饭，缺少照明的日子终于结束了。从此，蓝色火焰成为陕北人民的幸福之光，沼气之灯照亮革命圣地。（延川县学习办沼气部分整理自《习近平的七年知青岁月》和德阳市委党校——“取火取图”故事的当代启示）。

数十年后，习近平总书记几次在不同会议和场合，深情地回忆他在四川省学习沼气的经历。如 2006 年夏季，习近平（时任浙江省委书记）到南充参加援建嘉陵枝江小学开幕式，习近平说：“这是我第二次来南充。第一次是 20 世纪 70 年代，我在延安插队当知青，当了大队支部书记。那时，四川南充办沼气，在全国影响很大。我们大队想搞沼气池，便要我到四川学习。我父亲（习仲勋）与杨超（四川省委书记）是老朋友。杨超给我写了一张条子，到南充县学习办沼气。拿到杨超的条子，我们找到地委书记（刘纯夫），安排我们参观学习。生产大队没有什么礼品，只扛了一麻袋陕北大红枣，1 人捧一捧。”（摘自《杨超与沼气》）。

二、调整、巩固阶段

推广沼气启动后的短短几年，全国就兴建了数百万口沼气池，在解决农民炊事燃料、改善农村环境卫生等方面显示了重要作用，受到了广大农民的欢迎，吸引了他们办沼气的积极性。1980 年和 1982 年邓小平同志到四川省考察，两次深入到成都市郊区农民家庭，参观考察沼气池和沼气使用情况。在考察中，邓小平同志对沼气工作作出重要指示，要求沼气发展要有规划，要抓科研，沼气池的建设要搞“三化”，即标准化、系列化、通用化（引自《农村沼气建设管理实践与研究》，中国农业出版社）。他指出“发展沼气很好，是个方向，可以因地制宜解决农村能源问题”；“搞沼气还能改善环境卫生，提高肥效，可以解决农村大问题”。（摘自人民网>>新农村>>三农热点专题，

2010 年 1 月 10 日，http：//finance.people.com.cn/nc/GB/61937/211989/13735528.html）

在此期间，时任国家副主席的王震同志，时任国务院副总理李鹏同志、姚依林同志、余秋里同志和时任全国人大常委会副委员长的谭震林同志等中央领导，均对推广沼气工作作出了批示。

在全国广大农村推广沼气是一项开创性、群众性、技术性的工作，涉及千家万户，量大面广，无现成经验可借鉴，靠在实践中不断地探索前进。全国推广沼气工作在发展过程中也出现了偏差和不少问题，主要表现是：急于求成，片面追求建池速度，重建池、轻管理；由于水泥、砖等主要建池材料短缺，使用不合格材料建池，致使建池质量差；一批沼气池距离农户家较远，容积偏大，池体偏深（简称“远、大、深”），管理使用很不方便；因缺乏有关的科学知识，发生了一些沼气中毒事件等。由于以上诸多原因，在全国有相当数量的沼气池报废，一大批沼气池不能正常使用，在一定程度上挫伤了建池农民的积极性。

面对推广沼气工作出现的问题和困难，国家有关部门和各级领导高度重视，深入农村调查研究，认真分析现状，找准问题，总结经验，采取了以下重大措施。

1. 开展全国普查工作

1979 年起全国开展沼气普查工作，对虚报和不能使用的沼气池坚决从统计数中除掉。普查结果显示，各地上报统计的 700 万余口沼气池中，约有 392 万口质量较好，能正常使用，其余的数百万口沼气池相当一部分不能使用而报废，一部分经过维修可继续使用。通过全国性的普查工作，摸清了现状，找准了问题，为调整、巩固工作奠定了基础。

2. 调整工作部署，以管促建、建管结合

一是狠抓沼气池的科学管理，完善配套设施，提高产气率和使用效率；二是举办各种类型的培训班，在沼气池管理好的地方，召开现场经验交流会，层层培训各级沼气管理机构人员和农民技术员，组建专业的建池和管理的农民技术人员队伍；三是实行标准化、规范化建池，大力推行“三结合”沼气池（厕所、猪圈、沼气池），保证建池质量；四是针对农村实行家庭联产承包生产责任制后的新情况，探索和改进推广沼气的方法；五是大力开展科学知识普及工作，先后出版发行了“沼气管理使用手册”“农村办沼气问答”“科学办沼气”“沼气科普挂图”等数十种科普性读物，制作了安全使用沼气幻灯片，宣传办沼气的电视剧“送不走的客人”“沼气综合利用”“沼花怒放”等录像片，为宣传沼气、普及科学办沼气起到了很大作用。

3. 加强科学研究工作，为发展沼气提供技术支撑

1978 年经国务院批准，组建了四川省沼气科学研究所，1979 年国务院批准将四川

省沼气科学研究所改为农业部沼气科学研究所，同年成立了中国农业工程研究设计院（现农业农村部规划设计研究院）设立了能源室，1980 年成立了中国沼气学会，出版了学术性和技术性的刊物——《中国沼气》。

在农业部的组织和协调下，成立了全国沼气科研协作组，下达了多项沼气科研课题，组织数十家大专院校、科研机构和设计单位，针对我国沼气建设中急需解决的技术和设备问题，分为沼气池设计与建池技术、沼气发酵工艺、沼气发酵残余物在农业生产中应用、沼气燃烧器及输配气管道、沼气与卫生、沼气发电及沼气池出料机具等 6 个学组开展协作研究，取得一批重大的、适应性和实用性强的科研成果，制订了"农村家用沼气池设计图集、操作规程、质量检验国家标准成套技术"（获 1989 年国家科技进步二等奖）、"农村户用沼气池发酵工艺规程"等一系列国家标准和行业标准，研制出热效率高、安全、方便的沼气灶具，开发出方便实用的出料机具等。为了保证沼气产品和设备质量，建立了农业部沼气产品及设备质量监督检验测试中心。研究成果、技术和产品（设备）的推广应用，为我国沼气技术提供技术支撑和保障，推进沼气建设走上科学发展的道路，逐步实现了标准化、规范化和系列化，显著地提高了沼气技术水平和综合效益，发展沼气的影响和吸引力日益增强。

4. 建立和健全推广沼气管理机构

1979 年国务院发文［国发 1979（222）号］要求成立全国沼气领导小组和办公室，加强对沼气工作的领导和管理。全国各地按照国务院要求，均成立了沼气领导小组和办公室。此后，为适应沼气工作的需要，各省（市）、地区和县基本上都正式设立了沼气办公室或农村能源办公室，负责本地沼气和农村能源建设的推广、管理工作，制定本地沼气和农村能源发展规划，组织实施国家沼气和农村能源建设项目，开展农村沼气技术员的技能培训和鉴定工作，推广沼气新技术，及时发现和解决推广工作中存在的问题和困难。

经过几年的调整、巩固工作，我国沼气建设步入了稳步、健康的轨道。"八五"期间，年均新增加建池户 36 万户，"九五"期间，年均增加建池户 75 万户。到 2000 年底，全国已有农村户用沼气池 980 万户。同时，将农村沼气技术与农村生产技术结合，形成了南方的"猪-沼-果"和北方"四位一体"（大棚、猪圈、沼气池、蔬菜）等多种户用沼气发展模式，建设了一批禽畜养殖场大、中型沼气示范工程，处理工业有机废弃物的大型沼气工程开始起步。1991 年 3 月 15 日，江泽民同志在湖南岳阳县视察工作时指出："农村发展沼气很重要，一可以方便农民生活，二可以保护生态环境"，同年 7 月 8 日，江泽民同志在浙江视察水灾时对嘉兴市委书记说"农村能源开发大有可为，可以多搞点沼气。"（引自《农村沼气建设管理实践与研究》，中国农业出版社）

三、快速发展阶段

2000年起，我国农村沼气进入快速发展阶段。这期间，习近平、胡锦涛、温家宝等中央领导同志对沼气工作作出了重要批示。

2010年6月3日，时任国家副主席的习近平在《我国农村沼气工程发展的现状、主要问题和建议》（中办秘书局《信息综合专报》第33期）上批示，"加快发展农村沼气事业，既符合发展绿色经济、建设资源节约型社会的要求，又有力推动了社会主义新农村建设。当前要积极采取有效措施，着力解决面临的困难和问题，不断提高农村沼气事业发展水平。在'十二五'规划纲要中，可考虑把实施农村沼气工程作为农村能源产业发展的重要措施，继续抓实抓好"。（张桃林．进一步提升农村能源建设水平．农业工程技术. 2011年第7期．2–3页）

2004年1月，胡锦涛同志在河北省张家口市与农民座谈时指出，要支持贫困地区的群众搞沼气，这样有利于帮助农村改善生产、生活条件。（引自《农村沼气建设管理实践与研究》，中国农业出版社）

2002年9月，时任国务院副总理的温家宝同志批示"发展农村沼气，既有利于解决农村生活能源，又有利于保护生态环境，确实是一项很有意义、很有希望的公益设施建设。积极稳妥推进这项工作，必须坚持科学规划、因地制宜，必须加强领导，建立合理的投资机制，发挥国家、集体、农民的积极作用。必须把农村沼气同农业生产结构调整，特别是发展养殖业结合起来，同农村改厕、改水等社会事业结合起来；同退耕还林、保护生态结合起来。开展这项工作要通过典型示范，总结经验，逐步推广"。（引自《农村沼气建设管理实践与研究》，中国农业出版社）

2004年2月，温家宝同志在《我国集约化养殖污染治理现状、存在问题及建议》报告上批示："对沼气工程要充分的科学论证，在论证的基础上因地制宜制定规划，对已有的沼气工程的运作质量和效果也要总结经验。"党的十六届五中全会将"大力普及农村沼气，积极发展适合农村特点的清洁能源"写入《中共中央关于制定国民经济和社会发展的第十一个五年规划的建议》，我国农村沼气建设迎来了前所未有的机遇。（引自《农村沼气建设管理实践与研究》，中国农业出版社）

在此阶段，国家加大了对农村沼气建设的投资力度，加之技术成熟，建池物资及配套设备供应充足，有一支专业的农民沼气技术队伍，农村沼气建设发展规模迅速扩大。在此期间，我国共投资147.7亿元，其中中央投资61.2亿元，用于户用沼气为59亿元，建设沼气池1 327万户；用于养殖场沼气工程1.25亿元，建成沼气工程4 258处。到2006年年底，全国户用沼气池累计达到2 200万户，年产沼气约85亿 m^3；建成畜禽养殖场沼气工程5 278处，年处理畜禽粪便4 000多万吨，年产沼气1.7亿 m^3；建成生活污水处理净化沼气池 13 万多处。一些处理工业有机废物的大型沼气工程建成投入使用。

四、建管并重、转型升级阶段

农村经济和社会的发展，农业生产结构和生产方式的调整及转变，给沼气建设的发展提出了新的课题。2007 年以来，我国农村沼气建设进入了建管并重、转型升级阶段。截至 2017 年年底，全国累计建成户用沼气池 4 057.71万户、各类沼气工程 10.9976 万处。

1. 健全农村沼气服务与管理体系

一是形成覆盖面广、高效、适应性强的农村沼气服务体系。2007 年 3 月，农业部和国家发展和改革委员会共同印发了《全国农村沼气服务体系建设方案（试行）》，提出在“十一五”期间，在全国建设省级沼气技术培训基地 37 个、县级沼气物业服务站 2 000 个、村级沼气社会服务化网点 5 万个，使县级沼气技术服务覆盖率达到 100%。

二是强化和规范管理。为实现沼气建设又快又好的发展，提高综合效益，2007 年，农业部和国家发展和改革委员会联合印发了《关于进一步加强农村沼气建设管理的意见》，提出了“强化前期工作、明确管理责任、加快建设进度、严格资金管理、加强质量监督”等具体要求。各地在沼气项目实施工程中，坚持就业准入制度，实行持证上岗，积极组织开展沼气生产职业技术培训和鉴定工作；坚持建设标准和技术标准，规范建池，保证建池质量；坚持主要建筑材料和关键设备实行公开招标，集中采购；坚持加强督查；坚持档案管理制度，一卡一户；坚持把宣传培训作为一项基础性工作，激发广大农民办沼气建池的积极性。

2. 转型升级发展模式和技术

为适应我国农村、农业生产发展的新形势，大力提升技术创新，研究和实施新的发展模式和技术，将沼气建设同新农村建设、美丽乡村建设、生态文明村建设和农业生产更加密切地结合起来。

（1）结合农村生活垃圾、生活污水及厨房垃圾的处理和厕所革命，研究以沼气技术为核心，具有综合功能的集成技术和工程技术，通过试点、示范后在农村推广应用。

（2）提升集中供气工程技术，结合新农村建设，因地制宜，在有条件的农村修建以农作物秸秆、禽畜粪便为发酵原料的集中生产和供应沼气工程，实现工程设计和建设的标准化、规范化和系列化。

（3）结合发展有机农业，提升沼气发酵残余物综合利用技术（包括在粮食、水果、蔬菜、经济作物、水产养殖及防治病虫害等方面），提高发展沼气的效益。

（4）扩大沼气技术的应用范围，提升高效、先进的发酵工艺和工程技术，建设处理工业有机废弃物、城市餐厨垃圾、污水处理厂剩余污泥等的大型沼气工程。

第三节　发展沼气成为中国对外交流和合作的重要内容

我国沼气建设发展和取得的显著成效引起了国际社会的关注，促进了对外合作和交流的广泛开展。

20 世纪 70 年代以来，先后有朝鲜民主主义共和国主席金日成、扎伊尔总统蒙博托、圭那亚总统博纳姆和副总统沙布哈丁、坦桑尼亚总理萨利姆、莫桑比克总统希萨诺、布基纳索总统马·桑卡拉、墨西哥前总统埃切维亚、加拿大前总统特鲁多、联合国环境规划署执行主任斯塔法·托尔巴、联合国工法组织代表团，联合国粮食及农业组织、世界卫生组织及世界银行的官员、一些国家部长级官员到中国考察沼气或参观农业部沼气科学研究所。他们高度称赞中国沼气发展取得的成就，不少国家提出要我国提供技术援助和合作的要求。

1981 年，联合国开发计划署与我国对外经济合作部签署协议，决定在农业农村部沼气科学研究所成立《中国亚洲太平洋地区沼气研究与培训中心》，以该中心为平台，为发展中国家培训沼气技术人员和管理人员。截至 2018 年 9 月底，农业农村部沼气科学研究所共举办国际沼气技术培训班 85 期，培训了包括亚洲、非洲、拉丁美洲、欧洲、大洋州等地区 100 个国家的 2 155 名专业技术人员和政府官员。在培训期间，学员们系统学习了中国沼气技术，参与修建沼气池的实践，考察中国农村发展沼气，开展技术交流活动和多种形式的联谊活动，增强了学员对中国的了解，增强了中国与参加培训人员所在国家的友谊。

从 20 世纪 70 年代后期以来，中国持续开展了对外技术援助工作，农业农村部沼气科学研究所先后派出专家和技术人员赴菲律宾、突尼斯、古巴、坦桑尼亚、扎伊尔、卢旺达、毛里求斯、马里、孟加拉国等 17 个国家修建沼气池和大、中型沼气工程及开展技术培训，受到了所在国家的欢迎和赞许，成为受援国家的“民生工程”，扩大了中国沼气技术在国际上的影响，传播了友谊。

20 世纪 80 年代以来，我国与国际间的沼气技术交流和合作日趋活跃，多次受相关国际组织和一些国家的邀请参加交流活动，如 1980 年，我国派出了以中国沼气学会名誉理事长中共四川省委书记杨超同志为团长的代表团参加了世界生物能源大会（共有 2 000 多名代表），并在会上作了主题发言，系统介绍了中国沼气建设的成绩和经验。在美国举办的世界博览会和在莫斯科举办的中国科技日活动等多个国际性展览会上，展出中国沼气技术。我国从事沼气技术研究的机构已同美国、德国、丹麦、英国、日本、比利时、荷兰、瑞士、罗马尼亚、越南、尼泊尔、瑞典等数十个国家的高等院校、研究机构开展了合作研究与技术交流，对于扩大我国沼气技术在国际上的影响、吸收国外的先进技术起到了积极作用。

第二章　国外历史与发展历程

第一节　萌芽阶段

沼气的利用可追溯到公元前 10 世纪，生活在亚述（现伊拉克摩苏尔地区）的人们用腐烂的物质生产沼气，用于加热澡堂的热水，但人们对沼气的化学成分一无所知。直到 1630 年，比利时化学家、生物学家范·海尔曼（Jan Baptista van Helmont）发现有机物腐烂过程和动物肠道都可产生一种可燃气体，其主要成分是甲烷。100 多年后的 1776 年，意大利物理学家亚力山托·沃尔塔（Alessandro Volta）首次从湖泊底部的植物腐烂而产生的可燃气体中提取了甲烷。

从自然中发现沼气的存在之后，国外的科学家相继开始了沼气发酵研究。1808 年，英国的汉弗莱·戴维爵士（Sir Humphrey Davy）利用牛粪进行厌氧消化实验，指出所产气体中含有甲烷。1875 年，俄国学者波波夫（Popoff）利用河塘污泥加纤维素物质制取了甲烷，发现“沼气是微生物在无氧环境中分解纤维素的过程中产生的”，由此得出沼气发酵是一个微生物学过程。这一发现引起了微生物学家的广泛兴趣，为沼气发酵的应用奠定了基础。

第二节　起步阶段

19 世纪末到二战前，是沼气技术研究与开发的起步阶段。

1901 年，荷兰学者发现了两株产甲烷菌株，并发现氢气、乙酸和二氧化碳混合发酵能转化成甲烷。1915 年，马兹将他发现的产甲烷微球菌命名为马氏甲烷球菌（Methanococcus）。1916 年，俄国学者奥姆量斯基试图将产氢微生物从纤维素富集物中分离出来，但技术手段受限，分离纯种的努力以失败告终。1936 年，巴克指出沼气发酵可分为产酸和分解酸产甲烷两个阶段，1940 年，他还发现奥氏甲烷杆菌能形成孢子，因此将其更名为奥氏甲烷芽孢杆菌。

19 世纪末，欧洲开始兴起对沼气发酵工艺、发酵原料的研究。世界上第一个沼气发生器（又称自动净化器）是由法国 L. 穆拉于 1860 年将简易沉淀池改进而成的。1881 年，荷兰人利用厌氧装置处理污水并产生了少量沼气。同年，法国人路易斯·毛雷斯（Louis Mouras）发明了 Mouras 自动净化器，设计有气密室用于“液化”废水中的悬浮有机物，建造了世界上第一个处理废水的沼气池，这是污水（污泥）厌氧发酵处理的雏形。1905 年，德国的 Imhoff 池出现，第一次实现了固液分离状态下的厌氧处理。之后，生物分解池、水解池、上流污泥床等单元也分别得到了研究。20 世纪初，英美等国开始在城市建立沼气池。1925 年德国、1926 年美国分别建造了备有加热设施及集气装置的消化池，显著提高了产气速率，随后，又增加了机械搅拌器，进一步提高了反应速率，这是现代大、中型沼气发生装置的原型。

沼气的环境和能源效益也在这一时期的推广利用中突显，主要表现在利用沼气发酵处理废水、提供能源。1896 年，英国一个小城市建起了第一座沼气池，用来处理生活污水的污泥，所产生的沼气用于给当地一条街道提供照明。1897 年，印度人首次将人粪用于沼气生产，并用收集的沼气驱动煤气机。1908 年，意大利人用沼气开动了一部三马力的内燃机。1926 年，日本在安装了下水道的城市将沼气作为燃料供给实验室和厨房使用。

第三节　发展阶段

一、沼气微生物学基础研究有了新的进展

1916 年俄国人 B. П. 奥梅良斯基分离出了第一株甲烷菌（非纯种）。1947 年，荷兰学者施纳伦从下水道污泥和河流中分离出甲酸甲烷杆菌和巴氏甲烷八叠球菌。目前世界上已分离出的甲烷菌种近 20 株。1950 年，美国微生物学家亨盖特（Robert Hungate）提出了厌氧培养技术，为产甲烷菌的研究创造了条件。1979 年，布莱恩特（Bryant）根据前人研究产甲烷菌和产氢产乙酸菌的试验结果，在两阶段的基础之上，提出了厌氧发酵三阶段理论，该理论认为厌氧处理三阶段分为水解与发酵阶段、产氢产乙酸阶段、产甲烷阶段。在此基础上，80 年代中期有学者提出产甲烷之前还有一个同型产乙酸的阶段，由此发展成为厌氧发酵四阶段理论。

二、沼气发酵装置快速发展

随着人们对沼气发酵原理认识的深入，沼气发酵装置开始从简单地处理粪便污水的化粪池发展到高速消化装置。

20 世纪 50 年代诞生了新的沼气池型，如 GramaLaxmi Ⅲ，即浮罩式沼气池的原型，还出现了利用沼气循环的搅拌装置。高速率厌氧消化工艺突破了传统的工艺流程，使单位池容积产气量在中温下由每天 $1m^3$ 容积产生 $0.7\sim1.5m^3$ 沼气提高到 $4\sim8m^3$ 沼气，滞留时间由 15 天或更长的时间缩短到几天甚至几个小时。1979 年，莱廷格等完善了上流式厌氧污泥床。1981 年，厌氧吸附膜膨胀床问世。多种形式的厌氧消化池形成了现代污泥厌氧消化技术的核心工艺体系。

三、沼气的能源价值得到了越来越多的国家重视

第二次世界大战期间，由于同盟国封锁，德国人加大了对新能源的开发，沼气工程的规模逐渐增大，20 世纪 50 年代开发应用了混合发酵技术，但因成本较高、能源价格较低，工程数量发展有限。

1940 年，日本成立发酵研究所，主攻工业化沼气的研究和开发，50 年代沼气池在日本农村已得到普及，当时由于缺乏加热设备，沼气池建设曾一度停止。

四、沼气的需求量逐步增加

20 世纪 70 年代爆发石油危机以后，沼气作为可回收的二次能源，需求量开始增加，其环保效益也受到了重视。

提供做饭和照明的燃料，是小型沼气装置最为常见的用途。在印度、尼泊尔和越南等发展中国家，沼气是家用日常能源。在工业应用方面，沼气用作蒸汽产品生产。以沼气为燃料的沼气锅炉技术已经成熟可靠。

为了保护环境，控制全球变暖和促进能源的可持续供应，德国于 1990 年制定了《输电法》，2000 年又出台了《可再生能源法》。《输电法》规定公用电网对沼气发电输送来的电力实行优惠收购价，这一政策促进德国沼气发电技术的提高，促成了随后 700 多个沼气工程的建立。而《可再生能源法》制定了精细的沼气上网电价，由此，禽畜废水处理沼气工程数量激增，使德国成为世界上沼气发展首屈一指的国家（图 2-1）。

在英国伦敦，1972 年已有 15 个污水处理生产沼气厂，每天平均处理污水 225 万 m^3，生产沼气 24 万 m^3 以上。在英国，20 世纪 70 年代，5 000个污水处理厂中已有 1/3使用沼气作为设备运行燃料。欧洲沼气发展现状见图 2-2。

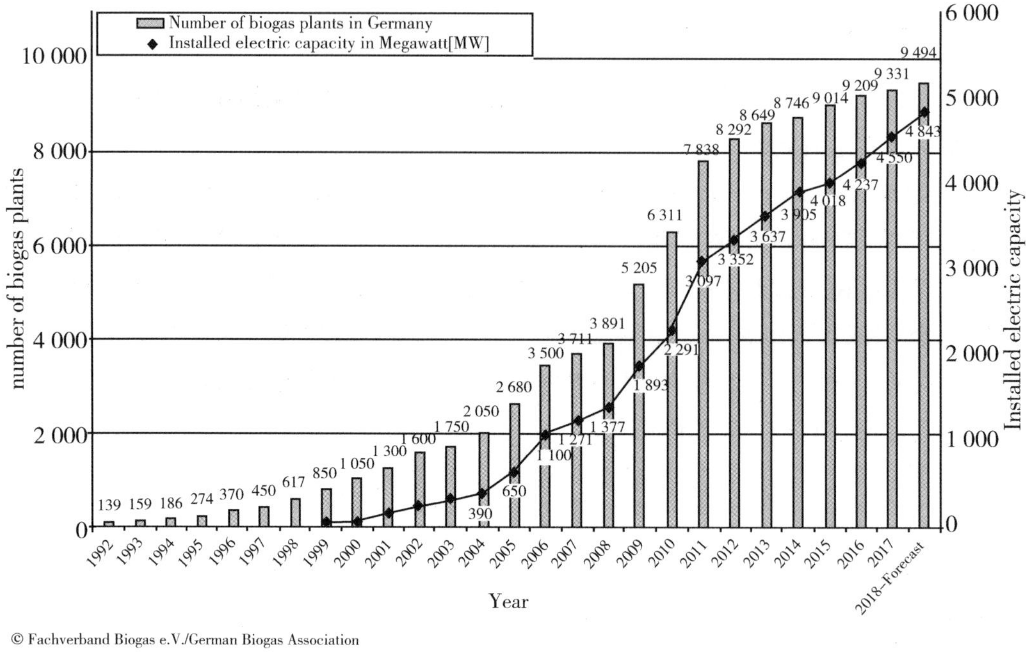

图 2-1　1992—2018 年德国沼气工程数量和总装机容量（2018 年 5 月）

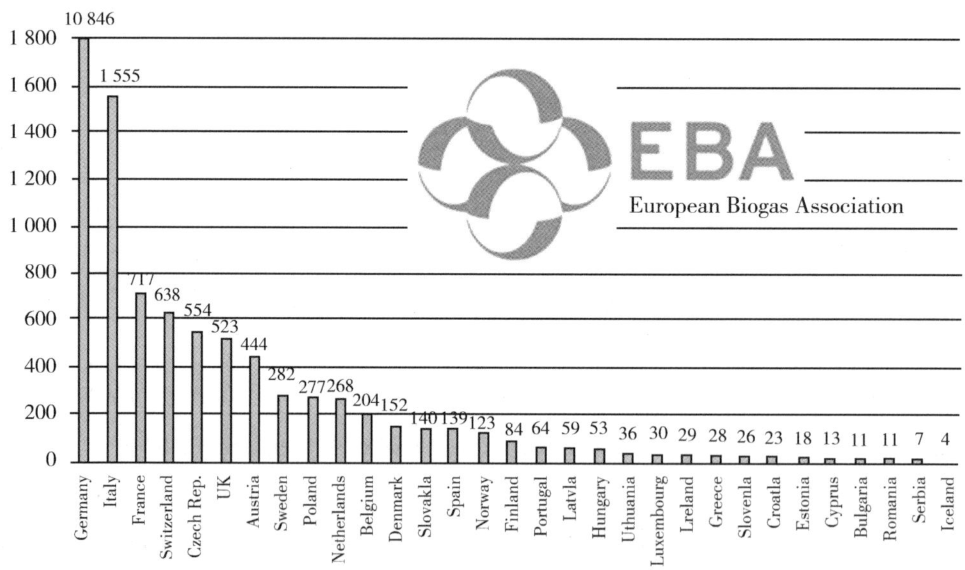

图 2-2　欧洲各国沼气工程数量

数据来源：欧洲沼气协会，2015 年 12 月 31 日

五、沼气应用领域得到拓展

大型工业化沼气工程的发展拓展了沼气的应用领域，形成了一些成功的技术模式，生产出高附加值产品。

一是沼气工程为村镇提供集中供气。以美国一牧场为例，其沼气工程主体宽 30m、长 213m，采用中温发酵结构，将养殖废弃物和其他有机废物由微生物转变成甲烷、二氧化碳和干燥肥料。这座工厂每天可处理 1 650吨动物粪便，每日可为牧场提供 11. 3 万 m^3的甲烷，供 1 万户家庭使用。目前美国已拥有 24 处厌氧发酵沼气工程。

二是沼气发电（热电联产）技术得到开发利用。以生物质为燃料的热电联产已成为某些国家重要的发电和供热方式，在欧美等发达国家一直受到广泛重视和积极推广，并实现了规模化产业经营。在美国、瑞典和奥地利，生物质转化为高品位能源利用已具有相当可观的规模，分别占该国一次能源消耗量的 4%、16%和 10%。据悉，在西欧各国，生物质能发电并网已占其国内能源总量的 10%左右。在装备上，欧洲 90%的沼气工程采用热电联产技术供热和发电，内燃机从几千瓦到几兆瓦不等，一个 250kW 发电机的电效率能高达 48%以上。25～150 kWd 微型涡轮虽然电效率仅有 26%～34%，但因维护费用低，排放少，依然占有市场。同时，广大亚、非、拉发展中国家也日益重视对沼气发电技术的推广和应用，以解决国内发展所需的电力问题，成效显著。

三是沼气提纯生产生物甲烷，用作车用燃气。该技术利用微生物厌氧消化农作物废弃物生产沼气，并通过提纯净化，甲烷含量达到天然气中甲烷水平。接受从沼气发电到沼气提纯，在欧洲各国并非步调一致，目前只有 14 个国家实施沼气提纯，11 个国家并入天然气网管，12 个国家用作汽车燃料（表）。

德国生物天然气产量占全欧的 75%，大部分并入天然气网管，与天然气混合发电和供暖。2013 年，生物天然气占德国汽车燃料的 15%。2015 年，全国生物天然气加气站达 165 座（图 2-3）。发酵原料为 91. 5%的废弃物和 8. 5%的玉米。2014 年，德国可再生能源法取消了生物天然气发电补贴，因此可以预计生物天然气对汽车燃料的供应将会持续增长。

2014 年，源于国家能源政策调整，英国的生物天然气工程数量和产量从欧洲排名倒数一跃而至正数第三，还开发出沼气为燃料的“Bio-Bug”甲壳虫轿车，时速可达 183km/h，每立方米沼气能行驶 8. 5km。但生物天然气用作汽车燃料十分有限。英国政府已充分认识到生物天然气在温室气体减排、提高空气质量和保障能源安全方面的作用，并加快制定优惠鼓励政策。

1996 年，瑞典开始提纯沼气作为汽车燃料使用。2004 年，沼气驱动公交车在瑞典首都斯德哥尔摩街道上开始运行，2005 年，世界上首列沼气火车在瑞典投入运营。目前瑞典的生物天然气工程已建218座，其数量仅为德国的1/3，但生物天然气产量位居欧洲第二。可贵的是，瑞典的沼气发酵原料是纯废弃物，其中52%为有机残渣，48%为污水处理厂的污泥。天然气占瑞典交通工具燃料的54%。

图2-3　生物天然气加气站

表　欧洲生物天然气生产和占比（《沼气与生物天然气报告》，2015）

国家	生物天然气工程数	提纯能力（Nm^3/h）	生物天然气产量（GWh）	并网工程数	交通用能	生物天然气加气站数*	压缩天然气加气站数	生物天然气定价或补贴（欧元/MWh）
奥地利	14	5 160	70	11	未统计	3纯	180	定价8
丹麦	6	8 650	未统计	未统计	未统计	未统计	7	补贴18.8
芬兰	9	2 731	40	3	43%	24纯	25	未统计
法国	8	2 610	41	6	未统计	未统计	310	定价129.7
德国	178	204 082	9 140	165	3%	165纯+143混	920	未统计
匈牙利	2	625	4	1	未统计	1纯	19	未统计
意大利	5	500	未统计	未统计	未统计	未统计	1 040	定价150
卢森堡	3	850	26	未统计	未统计	未统计	7	未统计
荷兰	21	16 720	683	未统计	未统计	60纯	141	1.03欧元/Nm^3
西班牙	1	4 000	未统计	未统计	未统计	未统计	69	未统计
瑞典	59	38 858	1 303	13	78%	218混	218	未统计
瑞士	24	6 310	166	22	33%	137混	137	未统计

（续表）

国家	生物天然气工程数	提纯能力（Nm^3/h）	生物天然气产量（GWh）	并网工程数	交通用能	生物天然气加气站数＊	压缩天然气加气站数	生物天然气定价或补贴（欧元/MWh）
英国	37	18 957	700	34	未统计	未统计	8	定价 70
总计	367	310 053	12 173	255		253 纯+498 混	2 041	

注：＊纯指 100%生物天然气；＊混指生物天然气与天然气混合

四是开发和推广沼气燃料电池。燃料电池是一种使用燃料进行化学反应产生电力的装置，最早于 1839 年由英国的 Grove 所发明。沼气燃料电池是最新出现的一种清洁、高效、低噪音的电装置，与沼气发电机发电相比，不仅电效率和能量利用率高，而且振动和噪音小，排出的氮氧化物和硫化物浓度低。以燃料电池作为汽车的动力，已被公认是 21 世纪必然的趋势，是 21 世纪继火电、水电、核电后的第四代发电方式。

利用动物粪便生产沼气，然后从沼气中提取氢气，将生产出来的氢气转变成易于运输的液态后，通过城市里的氢气站输送给用户，最后用户利用燃料电池的热电系统进行供电、供暖和提供热水。这样一个不依赖电力和燃气、仅靠动物粪便就可以获取氢能、实现地区住宅能源自给自足的系统，已在日本北海道开发局和札幌市予以推广。日本的沼气燃料电池产业已进入使用阶段，位于世界前列。然而，燃料电池因投资高昂，尚未商业化广泛利用。

五是出现沼气多能互补模式。为了更好地解决供热和制冷过程中的环境问题，满足节能减排需求，一种新的用能方式——多能互补渐成趋势。沼气等多种能源形式构成丰富的供能结构体系，且多种能源之间相互补充和梯级利用。目前在欧洲已存在多个成功的示范项目。在欧洲，太阳能多与生物质能工程结合利用。丹麦在大型太阳能与包括沼气在内的生物质联合应用方面取得了丰富的经验，1988—2006 年建成的所有太阳能供热厂都是同生物质能联合兴建的，这种能源利用方式受到了丹麦政府的大力支持，太阳能与生物质能联合兴建的供热工厂都可以从政府得到补贴。

六是沼渣利用得到重视。根据厌氧消化与生物资源协会统计，1 吨沼渣替代化肥可节约 1 吨石油、108 吨水，减排 7 吨二氧化碳。因此，沼渣生产有机肥是化肥的优良替代品，能为农户带来免费的有机肥供自家农场使用，多余的沼肥还可以盈利。意大利每年沼渣产量 3 000万吨，用于替代化肥施用，每年节约 4 000万欧元。但国外沼肥利用普遍缺乏立法支持，且对于沼渣利用好处的宣传还很薄弱。

六、沼气工程建设与推广并非一帆风顺，有机遇也有挑战

在马来西亚，基于回收能源和减轻污染的目的，直接或间接支持沼气发展的国家政

策不少于5条，截至2017年，马来西亚已建禽畜养殖废水沼气处理工程17座，到2018年，其中两座已无数据追踪可循，其余15座中的10座已停止运行或报废。马来西亚禽畜养殖废水处理沼气工程建成以后遭遇失败的原因：一是规划不周，沼气装置规模和工艺设计不能满足日益增长的养殖粪污增长量；二是对于中小型养殖场来说，沼气工程的建造和运行昂贵，相关知识和开发意识欠缺，因此业主倾向于选择简单、低价的工艺，如堆沤和软体黑膜沼气池，但处理效果不能达到排放标准，产气量和发电量也十分有限；三是政府尚无强制措施关停直接排污的养殖场，而且考虑到工程占地问题，业主投资沼气工程的兴趣不大；四是国家缺乏沼气技术推广和培训机构，没有补贴政策；五是电价和液化气价格低，沼气工程只重视产气，用于做饭和发电，在经济效益上不具优势。

埃及第一个沼气装置建于1935年，21年后建了第二座。1980年以后，埃及农业部农业研究中心开始了对沼气技术的研究与开发。但由于沼气装置的建造成本相对其他替代能源发展较高且民众关注度小，政府的支持主要放在了其他可再生能源发展方面，导致埃及的沼气装置数量有限。

越南沼气装置目前总计50万座，其中，砖混结构占60%，复合材料软体结构占35%，高密度聚乙烯占5%，废弃物固液分离处理模式在所有存栏的1 000只猪的猪场沼气工程中都能看到。越南的沼气发展问题在于，出水水质按照国家排放标准予以控制，但仍有高出2~3倍的情况，表明有的沼气工程建设质量达不到越南的建设标准。另外，沼肥利用率依然有限，虽然越南的发酵原料充足，但有机肥仍然依靠进口。

七、发展中国家沼气发展计划与政策

为促进沼气建设，发展中国家政府部门出台沼气行业发展计划，制定优惠和补贴政策，开展研究和能力建设，建立公私合营的开发模式，通过国际合作促进技术转移。

在亚洲，不少国家为推动沼气产业发展，编制了详实的战略目标。比如柬埔寨农牧渔业部不仅编制了沼气产业发展框架，还通过机构间的协同成立了国家顾问委员会、技术工作小组、省级与直辖市技术小组，并形成了政府与开发商之间的沼气开发协调机制。因此，自2006年以来，柬埔寨沼气发展处于上升趋势（图2-4）。

马来西亚农业部在充分评估行业发展需求和配套能力的基础上，设立了沼气行业发展目标，通过开展会议、论坛等活动培养民众意识，制定能源开发和安全控制战略，编制资格准入和贸易模式等扶持政策，为利益相关者开展商业化沼气技术培训项目，配套激励机制和特殊补贴，整合科研院所的资源开展相关科学研究（图2-5）。

而在非洲，能源短缺刺激了沼气的发展。比如南非，消费了非洲能源产量的45%。因为煤炭储备丰富，南非95%的电力由南非能源供应署建设的煤炭发电站提供。20世

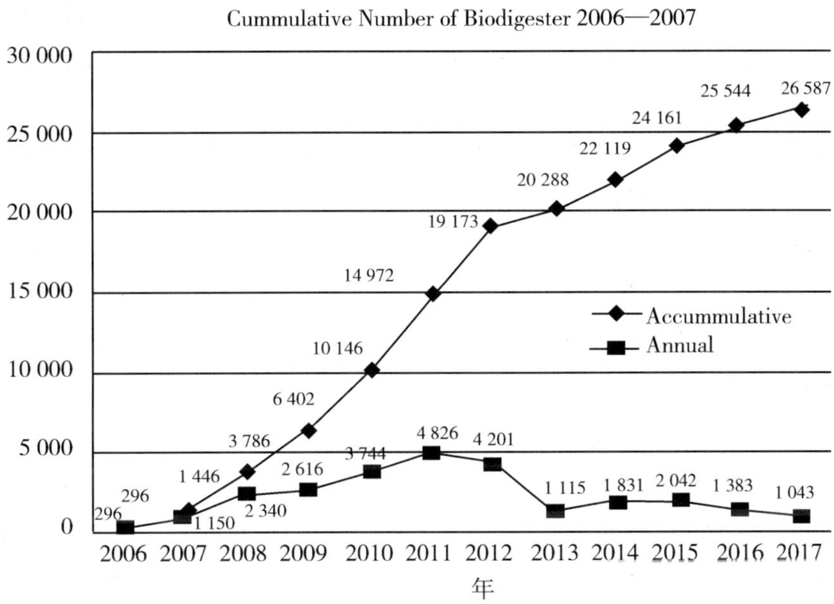

图 2-4　2006—2017 年柬埔寨沼气池工程增长情况

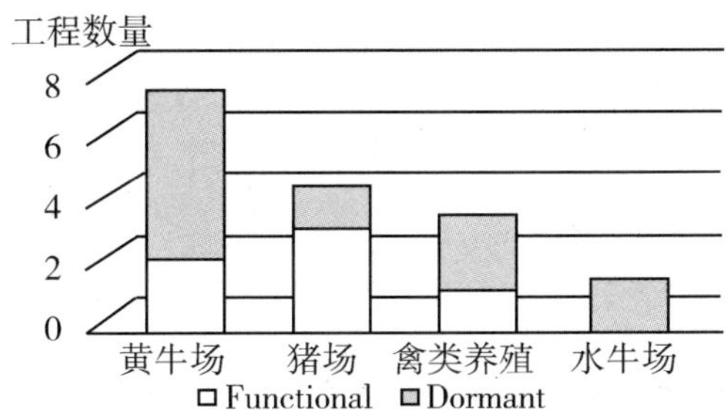

图 2-5　2018 年马来西亚沼气工程建设与运行情况

（绿色：运行，蓝色：休眠）

纪 80 年代起，发电量供不应求，由此全国开始实行限量供电。2007—2012 年，该发电站提供的电价翻了三番，而且还将继续增长。极度依赖化石能源使南非成为非洲温室气体排放最多的国家。南非迫切需要发展环境友好型的可替代能源。在此背景下，南非政府出台了一系列补贴计划以促进沼气技术推广。虽然南非尚未实现沼气的产业化发展，全国沼气池总共还不到 400 座，但已有数家机构积极参与沼气相关研究和项目，引导投资者和专家积极参与沼气建设。2013 年，南非召开了第一届全国沼气大会，大会交流了沼气发展的机遇和障碍，成立了公私合作模式下的南非全国沼气平台以促进沼气产业发展，并为技术规范和融资政策制定提供建议。南非沼气开始蓬勃发展，项目模式包括集中供电社区沼气工程、填埋沼气发电工程，最大的沼气工程发电装机达 4.4MW，发电出售给宝马生产厂。南非沼气发展面临的挑战是环评和建筑资质评审时间冗长，货币价格不稳定，投资成本大。同时，在各方积极因素刺激下，南非沼气发展的优势也很明显。

埃及政府重视技术研发、知识普及和技术推广，并通过国际合作实现技术引进。为发展沼气，埃及农业部农业研究中心在三角洲地区成立了“循环农业废弃物与沼气生产培训中心”，负责进行沼气技术研发，开展面对阿拉伯和非洲国家的技术培训，编制沼气技术可行性研究报告，承担沼气项目的建设、运行与维护，面向农户开展沼渣替代化肥施用的知识普及与技术推广。截至 2010 年，10~15m^3户用沼气池与 80~100m^3 沼气工程数已达 3 000座。

2016 年，埃及与中国开展政府间合作项目，在埃及某农场建设了一座 200m^3的中型沼气工程，日产气量 180m^3/d。之后，埃及与意大利合作，修建了一座污水处理厂，日产气量达 12 500m^3。2018 年，在与德国企业的合作中，埃及建设了一座特大型沼气工程，日产气量达 4 400~7 400m^3，日发电量 0.5 兆瓦（图 2-6）。

图 2-6　2016 年埃及-中国政府间合作养殖场废水处理沼气建设项目

参考文献

简弃非 . 2003. 沼气燃料电池及其在我国的应用前景［J］. 中国沼气，21（3）.

K C Surendra, et al. . 2015. 发展中国家的可再生能源：沼气的机遇和挑战［J］. 中国沼气（33）.

乔玮，李冰峰，董仁杰，等 . 2016. 德国沼气工程发展和能源政策分析［J］. 中国沼气，34（3）.

吴力斌 . 1991. 中外沼气发展史略［J］. 四川环境（01）.

杨辅仁 . 1986. 世界沼气概述［J］. 中国沼气（4）.

朱颢，胡启春，汤晓玉，等 . 2016. 德国《可再生能源法》实施及调整对其沼气产业发展的影响分析［J］. 新能源进展（02）.

Ashira Roopnarain，Rasheed Adeleke. 2017. Current Status，Hurdles and Future Prospect of Biogas Digestion Technology in Africa［J］. Renewable and Sustainable Energy Reviews（67）：1162-1179.

第二部分　发展现状

第三章 国内发展现状

第一节 中国沼气发展总体情况

自新中国成立以后，在几代党和国家领导人的亲自关怀下，经过几十年的努力，中国沼气行业取得了举世瞩目的发展，从无到有、从小到大。特别是2000年以来，站在新的历史起点上，沼气行业呈现了健康快速发展的喜人态势，发展形势良好。总体上看，国家投入力度不断加大，发展规模稳步扩张，建设结构不断优化，沼气发展进入到了转型升级新阶段。

一、国家资金投入持续增加

20世纪80年代，国家安排专项资金支持包括农村沼气在内的农村能源建设与发展，但是每年安排的资金只有几百万元，最多也就1 000多万元。2000年，农业部在全国范围内组织实施了“生态家园富民示范工程”建设，以沼气为纽带的各种类型的能源生态模式和工程技术得到广泛推广和应用。通过农村小型公益设施项目、农村基本建设项目，尤其是自2003年开始的“农村沼气建设国债项目”，中央对沼气示范推广给予了高度关注，每年投入大量资金专项支持。2003—2005年，中央每年投入10亿元；2006—2007年，中央每年投入25亿元；2008年年初，中央投入增加到30亿元。2008年底，在中央扩大内需、促进经济持续稳定发展政策的支持下，国家新增资金投入30亿元，用于沼气建设；2009年和2010年，中央又分别投入50亿元和52亿元，专项支持沼气事业的建设与发展，并且对村级沼气服务网点和中小型沼气工程给予了很大的支持；2011—2014年，中央又分别投资43亿元、30亿元、24亿元和25亿元，使沼气进入到平稳和均衡的发展阶段。2015—2017年，中央每年投入20亿元，支持开展农村沼气转型升级试点工作。

总之，2000—2016年，仅中央对沼气建设的投入已达到420多亿元（图3-1），这是国家在20世纪新中国成立后50多年投入总量的上百倍，促使中国成为世界上沼气发展速度最快、覆盖群体最多、涉及领域最多的国家。

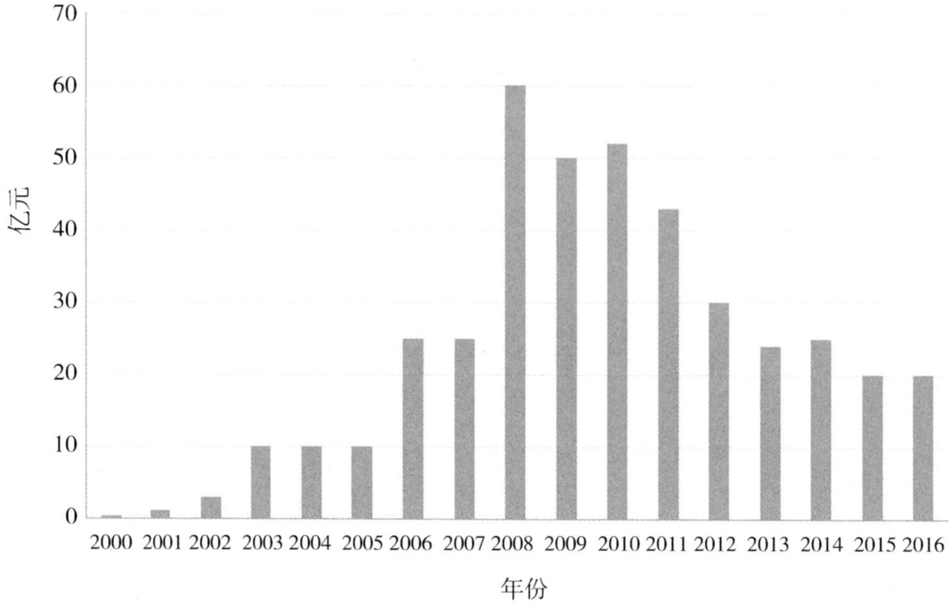

图3-1　2000—2016年国家对沼气发展的资金投入

二、户用沼气规模稳步增长

自30年前经历了“两起两落”，农业部在全国100个县组织开展了农村沼气示范县建设和以沼气为纽带的农村能源综合建设县项目后，户用沼气池建设呈现了逐步上升的态势，特别是进入21世纪开始农村沼气建设国债项目以后，中国农村沼气实现了历史性跨越，全国沼气用户依次稳步跨过1 000万户、2 000万户、3 000万户和4 000万户4个台阶。全国户用沼气池由不足1 000万户猛增至2016年年底的4 160多万户（图3-2），年产沼气120多亿 m^3，年均增加近200万沼气用户，年均增长超过20%。

初步调查显示，全国户用沼气池的使用率约75%，沼气技术受到了广大农民群众的欢迎。尽管随着农村社会经济发展和农业生产结构发生的巨大变化，户用沼气的需求率和使用率都出现了明显的下降，但是在四川、云南、贵州和广西等部分地区，户用沼气池依然具有强劲的生命力和较大的市场需求。中国户用沼气池的建设规模和使用量居全球之首，成为中国利用技术最成熟、推广规模最大、效益最突出的可再生能源开发领域。户用沼气池的建设与普及，为广大用户提供了清洁能源，在有效缓解部分地区缺煤少柴等困难的同时，节约了沼气用户的生产生活支出，降低了妇女的劳动强度，改善了项目区的卫生状况，保护了生态环境，提高了群众的健康水平和生活质量，使村容村貌

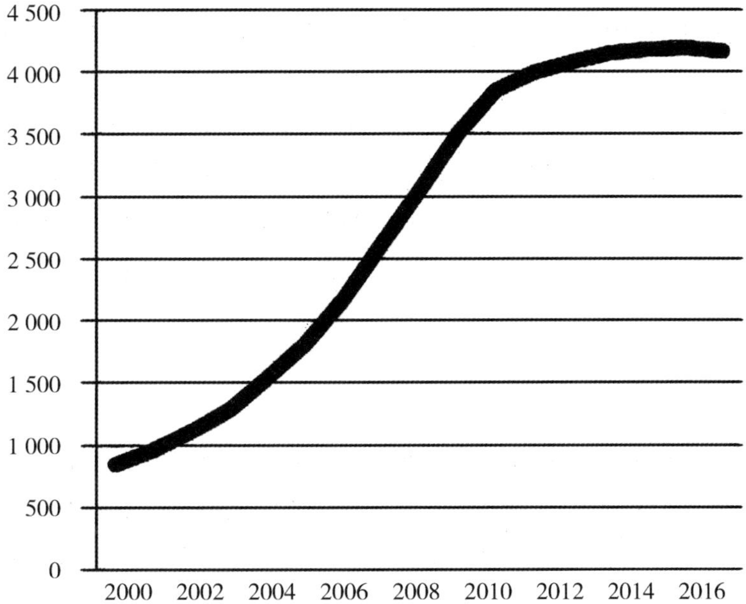

图 3-2 户用沼气发展趋势

发生了很大改观。

三、各类沼气工程迅猛发展

在各级政府政策和财政的支持下，各类沼气工程连续几年迅猛发展，从 2000 年的 1 042处猛增至 2016 年的 11.34 万处（图 3-3）。仅 2016 年，各类沼气工程累计达到 11.34 万处，总池容 2013.41 万 m^3，年产沼气量 27 亿 m^3，分别比上年增长 2.22%、

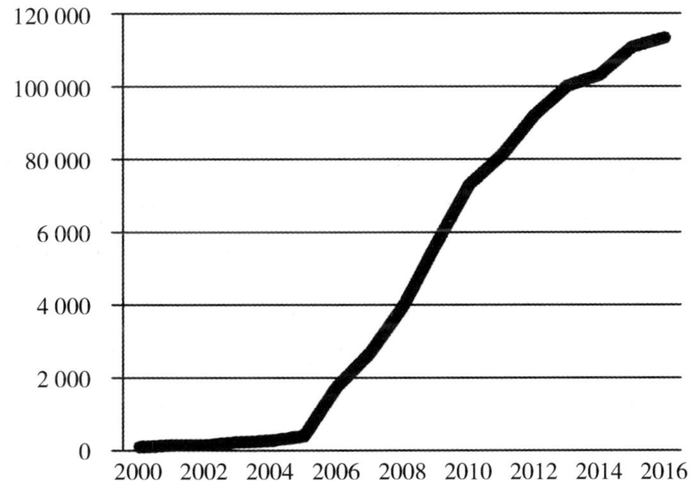

图 3-3 各类沼气工程发展趋势

6.38%和6.86%。其中，处理工业废弃物沼气程306处，年产气量2.76亿m^3；处理农业废弃物沼气工程11.07万处，年产沼气量22.47亿m^3（特大型沼气工程51处，年产沼气量1.82亿；大型沼气工程7 214处，年产沼气量12.65亿m^3；中型沼气工程1.07万处，年产沼气量4.32亿m^3；小型沼气工程9.52万处，年产沼气量5.49亿m^3）。同时，还推广使用生活污水净化沼气池19.2万处，总池容达到1 079.29万m^3。其中，村级处理系统7万处，池容288.25万m^3；学校处理系统7 827处，池容65.47万m^3；其他类型净化沼气池11.41万处，池容725.57万m^3。21世纪以来，各种类型沼气工程的建设总量比之前增长了100多倍。

四、综合利用效益显著提高

从中国沼气发展的历程来看，其发展的生命力不仅在于解决生活用能问题，更重要的是在于综合效益的发挥。因为沼气由于其特殊的生化特点，不仅可以降解和处理以畜禽粪污与农作物秸秆等农林废弃物，改善生态环境，还可以提供清洁的可再生能源和高效优质有机肥，为国家优化能源结构、全球温室气体减排、农业绿色发展做出巨大贡献。随着沼气与种植业和养殖业发展紧密结合、与精准扶贫和卫生健康紧密结合、与乡村振兴和农村人居环境治理紧密结合，各地坚持一切从实际出发，逐渐将沼气从单纯地用于民用炊事照明扩展到用于储粮、水果保鲜以及发电供热和交通燃料替代等，而且将沼渣沼液作为优质的有机肥料广泛用于农业生产和水产养殖，产生了巨大的综合效益。许多地方根据当地的产业结构、原料来源和生产习惯等，将沼气建设与工农业生产和社会经济发展联系起来，促进了能量高效转化和物质高效循环。在国家可再生能源激励政策和中长期发展规划不断贯彻落实的情况下，一些大型中央企业、能源投资公司、房地产开发企业和物流运营商等瞄准了沼气产业长期巨大的潜在效益，也纷纷加入到沼气建设行列。

五、服务体系建设全面铺开

随着沼气技术的大范围推广，服务体系支撑不足的问题日渐突出。2007年4月，农业部和国家发展和改革委员会联合下发了《全国农村沼气服务体系建设方案（试行）》，提出了坚持“政府引导、多元参与、方式多样”和“服务专业化、管理物业化”的原则，要求逐步建立以省级技术实训基地为依托、县乡服务站为支撑、乡村服务网点为基础、农民服务人员为骨干的沼气服务体系，为沼气用户提供优质、规范、高效、安全的服务。从2008年开始，国家每年投入大量资金用于沼气乡村服务体系建设。各地也根据实际情况探索出多种服务模式，如专业合作社型、协作统领型、公司经营型、个人领办型和社会公益型等服务方式，实行全托管、半托管或随叫随到的社会化和专业化服务。

截止到2016年底，中央投资数十亿元的资金，在全国建设村级沼气服务网点11.08万个，从业人员18.28万人，服务农户3 350万户，覆盖农村沼气用户超过80%；与此同时，在全国还建设了省级实训基地18个、地（市）级服务站62个、县级服务站1 162个；通过成人培训和职业鉴定，使33.31万人和4 110多人分别获得了《沼气生产工》和《沼气物管员》职业资格证书，为沼气的持续健康稳定发展奠定了坚实的基础。

六、沼气产业逐步壮大

在国家优惠和激励政策的吸引下，越来越多的企业投入到沼气产品生产、设备研发和工程建设中，甚至一些大型龙头企业也加入到沼气产业发展行列，形成了“小沼气、大产业”的态势。在沼气示范推广规模日益扩大过程中，中国的沼气产业化发展程度也有所提高。

一是沼气灶具及配套产品生产企业已有上百家，每年生产沼气灶具、管材管件和脱硫净化器的生产能力接近1 000万套；二是各类沼气工程设计和施工企业规模不断扩大，具有较高设计生产与施工水平的专业企业逐年增加，一大批企业已经具备了组织实施“交钥匙”工程的能力；三是与沼气工程配套的设备和装备生产的龙头企业迅速成长，相关制造服务企业已有近2 000家；四是通过合作或合资的形式，吸引了一大批欧美等国的大型和跨国企业进入中国市场，不仅带动了中国企业的创新能力和生产制造水平，也培养了众多可以与国际大型企业竞争的国内企业，并逐步参与国际大市场的竞争，通过“一带一路”走向了世界。经过多年的努力，中国的沼气产业已经形成，并具备了全面发展的条件。

七、技术标准体系初步形成

从20世纪80年代开始，国家有关部门就开始重视沼气标准化工作，并组织制定和贯彻执行，使中国沼气标准化已经成为国家标准化和农业标准化工作的重要组成部分。截至2016年底，已经颁布实施的各类沼气标准项目共计59项，其中5项为国家标准，其余均为农业行业标准。这些标准涉及户用沼气池标准图集、沼气发酵工艺操作规程、质量检查验收规范、施工操作规程、输配系统设计与安装规范、沼气灶具、家用沼气灯、沼气压力表、户用沼气脱硫器、户用沼气池密封涂料，以及沼气工程规模分类、沼气工程设计技术规范、规模化畜禽养殖场沼气工程运行维护及其安全技术规程、规模化畜禽养殖场沼气工程设计规范、沼气发电机组等多个领域。

在国家标准和行业标准的引导下，不少企业为了提高产品质量、提升企业形象、规范生产行为，不仅非常注重企业标准的编制和建设工作，还积极参与国家标准和行业标准的制修订工作中来，使行业形成了一个学标准、用标准、建标准的良好氛围。

2011 年，国标委批准成立了全国沼气标准化技术委员会（SAC/TC 515），委员由 35 名沼气行业的知名学者和企业代表组成，进一步推动了中国沼气标准化工作进程。同年，经过激烈的竞争和多年的努力，中国又争取到了国际标准化组织沼气技术委员会（ISO/TC）主席国和秘书处的地位，借助这个平台，中国的沼气技术、沼气产品、沼气人才顺利走上了国际舞台。

八、行业步入转型升级通道

伴随着农村社会经济的发展、农业产业结构调整和农民生产生活方式的转变，以及国家对清洁燃气的需求日益增加。2015 年，在国务院领导的指示下，国家发展和改革委员会和农业部共同组织实施了沼气转型升级试点项目，每年投资 20 亿元。在转型升级工作方案中，明确提出重点支持两类试点项目。一类是建设日产沼气 500m^3 及以上的规模化大型沼气工程（不含规模化生物天然气工程），开展给农户供气、发电上网、企业自用等多元化利用，沼渣沼液用于还田、加工有机肥或开展其他有效利用。另一类是日产生物天然气 1 万 m^3 以上的试点工程，提纯后的生物天然气主要用于并入城镇天然气管网、车用燃气、罐装销售等。

中央对符合条件的规模化大型沼气工程和生物天然气试点工程分别予以每立方米沼气生产能力 1 500元和每立方米生物天然气生产能力 2 500元的投资补助。在 3 年的实施期中，中央先后共支持了 65 个生物天然气试点工程和 1 400多个大型沼气工程项目（表 3-1）。

表 3-1　2015—2017 年国家支持各地开展沼气转型升级试点项目安排情况

序号	省份（地区）	2015		2016		2017		合计	
		大型沼气工程	生物天然气工程	大型沼气工程	生物天然气工程	大型沼气工程	生物天然气工程	大型沼气工程	生物天然气工程
	小计	386	25	552	22	485	18	1 423	65
1	北京	—	—	—	—	—	—	0	—
2	天津	2	—	3	—	1	—	6	—
3	河北	3	2	6	2	11	2	20	6
4	山西	5		2	—	0	1	7	1
5	内蒙	2	2	5	2	8	2	15	6
6	辽宁	1		1	—	1	1	3	1
7	吉林	—	2	1	2	3	2	4	6
8	黑龙江	—	—	2	2	1	—	3	2

（续表）

序号	省份（地区）	2015		2016		2017		合计	
		大型沼气工程	生物天然气工程	大型沼气工程	生物天然气工程	大型沼气工程	生物天然气工程	大型沼气工程	生物天然气工程
9	上海	—	—	—	—	—	—	0	—
10	江苏	1	1	2	1	1	2	4	4
11	浙江			3	—	3	—	6	—
12	安徽	17	1	16	1	15	—	48	2
13	福建	2	—	1	—	—	—	3	—
14	江西	18	—	21	—	24	1	63	1
15	山东	6	2	25	2	29	—	60	4
16	河南	41	1	54	2	58	—	153	3
17	湖北	25	2	28	2	39	—	92	4
18	湖南	34	2	89	—	69	—	192	2
19	广东	9	—	5	—	2	—	16	—
20	广西	50	1	43	—	10	1	103	2
21	海南	2	1	11	—	3	—	16	1
22	重庆	38	—	50	1	40	2	128	3
23	四川	29	2	78	—	47	—	154	2
24	贵州	12	1	17	1	21	—	50	2
25	云南	18	1	35	1	57	1	110	3
26	西藏	12	—	1	—	—	—	13	—
27	陕西	19	—	14	—	16	1	49	1
28	甘肃	30	1	20	—	14	1	64	2
29	青海	—		0	—	2	—	2	—
30	宁夏	1	1	2	—	1	—	4	1
31	新疆	4	1	11	—	6	—	21	1
32	新疆兵团	5	—	6	1	3	1	14	2
33	黑龙江农垦	—	1	—	1	—	—	—	2
34	青岛	—		—	1	—	—	0	1

通过此次沼气转型升级试点工作，一是开展工程建设和运营机制创新试点，以专业化企业为主体，按照市场机制，投资工程建设，开展原料收集、工程运行管理、终端产品销售利用为一体的全产业链运营，探索可持续、可复制、可推广的生物天然气产业化发展模式。二是终端产品补贴试点，鼓励有积极性的地方政府，利用地方财政资金，按照生物天然气（沼气）销售量或有效利用量、沼渣沼液利用量或加工成有机肥的数量，对项目业主进行补贴，探索建立生物天然气或沼气工程终端产品补贴机制。三是破除行业壁垒和体制机制障碍试点，鼓励地方政府比照国产化石天然气，探索制定鼓励生物天然气或沼气产业发展的税收优惠政策；清理和整顿燃气特许经营权市场，为生物天然气

或沼气发展创造公平的市场竞争环境。从试点项目的执行情况来看，大多数项目已经完成建设，众多超大型企业、专业化公司和投资型机构进入沼气领域，部分目标也得以实现和突破。

第二节　中国沼气发展特点

一、法律政策更加明确

为鼓励和支持沼气的建设与发展，近 10 多年间，国务院和全国人大先后出台了一系列的法律法规、政策措施以及发展规划等（表 3-2）。自 2004 年以后，中央又连续在每年的一号文件中多次提出要大力发展户用沼气、大中型沼气工程和完善沼气服务体系建设。2009 年 12 月 26 日，第十一届全国人大第十二次常务会议上再次审议通过了关于修改《可再生能源法》的决定。新修订后的《可再生能源法》明确规定，国家将实行可再生能源发电全额保障性收购制度，国家财政将设立可再生能源发展基金，资金来源包括国家财政年度安排的专项资金和依法征收的可再生能源电价附加收入等。国家发展和改革委员会、财政部和农业部等还制定了一系列有利于沼气发展的项目补贴、财政支持、税收优惠的政策，并在《可再生能源中长期发展规划》实施的基础上，组织制定了全国沼气建设“十一五”“十二五”和“十三五”发展规划，对每个阶段全国沼气的发展提出了明确的指导思想、建设原则、发展目标以及保障措施，对沼气的发展产生了重大指导意义，也使中国沼气建设取得了更长足的进步。

表 3-2　与沼气相关的法规、政策和规划摘要

类型	时间（年）	名称	内容要点
法规条例	2009	可再生能源法	国家实行可再生能源发电全额保障性收购制度。国家鼓励和支持农村地区的可再生能源开发利用。县级以上地方人民政府管理能源工作的部门会同有关部门，根据当地经济社会发展、生态保护和卫生综合治理需要等实际情况，制定农村地区可再生能源发展规划，因地制宜地推广应用沼气等生物质资源转化、户用太阳能、小型风能、小型水能等技术，并提供财政支持。
	2012	农业法	发展农业和农村经济必须合理利用和保护土地、水、森林、草原、野生动植物等自然资源，合理开发和利用水能、沼气、太阳能、风能等可再生能源和清洁能源，发展生态农业，保护和改善生态环境。

（续表）

类型	时间（年）	名称	内容要点
法规条例	2013	畜禽规模养殖污染防治条例	国家鼓励和支持沼气制取、有机肥生产等废弃物综合利用以及沼渣沼液输送和施用、沼气发电等相关配套设施建设。国家鼓励和支持利用畜禽养殖废弃物进行沼气发电，自发自用、多余电量接入电网。电网企业应当依照法律和国家有关规定为沼气发电提供无歧视的电网接入服务，并全额收购其电网覆盖范围内符合并网技术标准的多余电量。利用畜禽养殖废弃物进行沼气发电的，依法享受国家规定的上网电价优惠政策。利用畜禽养殖废弃物制取沼气或进而制取天然气的，依法享受新能源优惠政策。
	2014	环境保护法	各级人民政府应当在财政预算中安排资金，支持农村饮用水水源地保护、生活污水和其他废弃物处理、畜禽养殖和屠宰污染防治、土壤污染防治和农村工矿污染治理等环境保护工作。
	2016	节约能源法	国家鼓励、支持在农村大力发展沼气，推广生物质能、太阳能和风能等可再生能源利用技术，按照科学规划、有序开发的原则发展小型水力发电，推广节能型的农村住宅和炉灶等，鼓励利用非耕地种植能源植物，大力发展薪炭林等能源林。
规划	2006	可再生能源中长期发展规划	充分利用水电、沼气、太阳能热利用和地热能等技术成熟、经济性好的可再生能源，加快推进风力发电、生物质发电、太阳能发电的产业化发展，逐步提高优质清洁可再生能源在能源结构中的比例，到2020年，建成大型畜禽养殖场沼气工程10 000座、工业有机废水沼气工程6 000座，年产沼气约140亿 m^3，沼气发电达到300万kW。力争到2020年清洁可再生能源占国家能源消费比例达15%。
	2016	可再生能源发展“十三五”规划	加快生物天然气示范和产业化发展。选择有机废弃物资源丰富的种植养殖大县，以县为单位建立产业体系，开展生物天然气示范县建设，推进生物天然气技术进步和工程建设现代化。建立原料收集保障和沼液沼渣有机肥利用体系，建立生物天然气输配体系，形成并入常规天然气管网、车辆加气、发电、锅炉燃料等多元化消费模式。到2020年，生物天然气年产量达到80亿 m^3，建设160个生物天然气示范县。
	2016	生物质能“十三五”发展规划	到2020年，生物质能基本实现商业化和规模化利用。沼气发电50万kW；建设160个生物天然气示范县和循环农业示范县，生物天然气年利用量80亿 m^3。
	2016	全国农业现代化规划（2016—2020年）	建设300个种养结合循环农业发展示范县，促进种养业绿色发展。以畜禽规模养殖场为重点，建设大型沼气工程、生物质燃气提纯利用及有机肥加工设施，发展以沼气为纽带的生态循环农业。
	2017	农村沼气“十三五”发展规划	新建规模化生物天然气工程172个、规模化大型沼气工程3 150个，认定果（菜、茶）沼畜循环农业基地1 000个，供气供肥协调发展新格局基本形成。到2020年形成新增沼气生产能力50亿 m^3，吸引各种投资500亿元，累计年沼气生产能力约200亿 m^3。

（续表）

类型	时间（年）	名称	内容要点
政策	2006	可再生能源发电价格和费用分摊管理试行办法	生物质发电项目上网电价实行政府定价的，由国务院价格主管部门分地区制定标杆电价，电价标准由各省（自治区、直辖市）2005年脱硫燃煤机组标杆上网电价加补贴电价组成。补贴电价标准为每千瓦时0.25元。发电项目自投产之日起，15年内享受补贴电价；运行满15年后，取消补贴电价。自2010年起，每年新批准和核准建设的发电项目的补贴电价比上一年新批准和核准建设项目的补贴电价递减2%。发电消耗热量中常规能源超过20%的混燃发电项目，视同常规能源发电项目，执行当地燃煤电厂的标杆电价，不享受补贴电价。
	2010	关于完善农林生物质发电价格政策的通知	对农林生物质发电项目实行标杆上网电价政策。未采用招标确定投资人的新建农林生物质发电项目，统一执行标杆上网电价每千瓦时0.75元（含税，下同）。通过招标确定投资人的，上网电价按中标确定的价格执行，但不得高于全国农林生物质发电标杆上网电价。 已核准的农林生物质发电项目（招标项目除外），上网电价低于上述标准的，上调至每千瓦时0.75元；高于上述标准的国家核准的生物质发电项目仍执行原电价标准。
	2013	分布式发电管理暂行办法	发展分布式发电的领域包括：农村地区村庄和乡镇；目前适用于分布式发电的技术包括：以农林剩余物、畜禽养殖废弃物、有机废水和生活垃圾等为原料的气化、直燃和沼气发电及多联供技术。
	2016	可再生能源发电全额保障性收购管理办法	本办法适用于风力发电、太阳能发电、生物质能发电、地热能发电、海洋能发电等非水可再生能源。水力发电参照执行。 生物质能、地热能、海洋能发电以及分布式光伏发电项目暂时不参与市场竞争，上网电量由电网企业全额收购；各类特许权项目、示范项目按特许权协议或技术方案明确的利用小时数确定保障性收购年利用小时数。
	2017	国务院办公厅关于加快推进畜牧养殖废弃物资源化利用的意见	坚持政府支持、企业主体、市场化运作的方针，坚持源头减量、过程控制、末端利用的治理路径，以畜牧大县和规模养殖场为重点，以沼气和生物天然气为主要处理方向，以农用有机肥和农村能源为主要利用方向，健全制度体系，强化责任落实，完善扶持政策，严格执法监管，加强科技支撑，强化装备保障，全面推进畜禽养殖废弃物资源化利用，加快构建种养结合、农牧循环的可持续发展新格局，为全面建成小康社会提供有力支撑。 开展规模化生物天然气工程和大中型沼气工程建设。落实沼气发电上网标杆电价和上网电量全额保障性收购政策，降低单机发电功率门槛。生物天然气符合城市燃气管网入网技术标准的，经营燃气管网的企业应当接收其入网。落实沼气和生物天然气增值税即征即退政策，支持生物天然气和沼气工程开展碳交易项目。

二、推广模式更加多样

在经历了40年快速发展的历程之后，中国户用沼气建设技术水平显著提高，沼气池安全性能更加可靠，使用寿命延长；大中型沼气工程通过引进国外先进技术与自主研发相结合，工艺技术日臻成熟。同时，沼气技术与农业生产技术紧密结合，形成了以南方“猪-沼-果”、北方“四位一体”和西北“五配套”为代表的能源生态模式，增强了沼气发展的经济和技术基础。经过多年发展，中国户用沼气技术国际领先，发展规模居世界前列。沼气已从单纯的能源利用发展成为废弃物处理和生物质多层次综合利用，与养殖业、种植业广泛结合，各类能源生态模式也在推广实践中逐步优化完善。

特别是自2016年以来，农业部提出了“一控两减三基本”（控制农业用水总量，减少化肥农药使用量并确保2020年零增长，基本实现畜禽粪污、农作物秸秆和地膜资源化利用）治理农业面源污染的工作目标，还积极组织实施农业绿色发展“五大行动计划”（畜禽粪污资源化利用行动、果菜茶有机肥替代化肥行动、东北地区秸秆处理行动、地膜回收行动以长江流域为重点的水生生物保护行动），其中沼气作为一个重要的纽带发挥了越来越重要的作用。

作为新时代的沼气建设，尤其在农村地区，其能源功能的需求越来越弱，但是作为环境治理技术和有机肥的作用越来越被重视。因此，农业部提出了与以往不同的解决方案和能源生态模式，即以果（菜、茶）定肥、以肥定沼、以沼定畜、以畜促果（菜、茶）的“果（菜、茶）-沼-畜”现代种养结合循环农业生态模式，并通过试点项目的形式，探索、总结适合不同地区的市场化和社会化运营机制，从而达到可推广、可复制的目的。

三、建管并重更为强化

在加强沼气建设的同时，各地积极开展沼气服务体系和物业化管理试点建设，因地制宜地建立了各种形式的沼气社会化服务和物业化管理模式，探索出一些有效的激励机制。有些地方把完善沼气服务体系作为沼气建设的工作重点，连续出台了鼓励发展股份制和民营沼气技术服务体系的相关激励政策，吸引社会力量参与，形成市、县有管理机构，区域有物业公司（站），乡镇和村有服务组织的上下贯通、左右相连、专群结合、功能齐全、服务高效的沼气技术服务体系，从而有效地解决了沼气发展中存在的各种问题，促进了沼气持续稳定健康发展。

同时，为了加强行业管理和强化安全生产意识，农业部不仅起草和下发了《关于进一步加强农村沼气安全监管工作的通知》，要求各地切实提高对农村沼气安全监管工作重要性的认识、落实农村沼气安全监管的主体责任、构建起农村沼气安全监管的长效机制以及加强农村沼气安全监管的规范化建设，还连续组织各省开展沼气安全生产和安全防范大检查、大督查、大演练，确保安全监管不留死角。各地通过提供全方位的社会化服务和严格的安全监管，努力促进沼气行业的健康可持续发展。

四、服务对象更加聚焦

2016 年 12 月 21 日，习近平总书记在中央财经领导小组第十四次会议上，就“十三五”规划纲要确定的 165 项重大工程项目进展和解决好人民群众普遍关心的突出问题等工作做出重要指示。他强调，加快推进畜禽养殖废弃物处理和资源化，关系 6 亿多农村居民生产生活环境，关系农村能源革命，关系能不能不断改善土壤地力、治理好农业面源污染，是一件利国利民利长远的大好事。要坚持政府支持、企业主体、市场化运作的方针，以沼气和生物天然气为主要处理方向，以就地就近用于农村能源和农用有机肥为主要使用方向，力争在“十三五”时期，基本解决大规模畜禽养殖场粪污处理和资源化问题。

为此，农业农村部将此项工作作为近期重中之重的工作，不仅成立了由部领导牵头的部级畜禽粪污资源化利用领导小组及其办公室，成立了全国畜禽粪污资源化利用科技创新联盟，还提出了“一年试点、两年推广、三年大见成效、五年全面完成”的任务目标。2017 年 6 月以国务院办公厅的名义出台下发了《关于加快推进畜牧养殖废弃物资源化利用的意见》，明确了“十三五”期间工作的指导思想、基本原则和发展目标，确定了建立 6 项体制机制和确保 5 项政策措施。下半年推出了 9 项推荐实用技术模式，并与国家发展和改革委员会和财政部共同在全国组织实施了畜禽粪污资源化利用整县推进试点县项目以及果菜茶有机肥替代化肥试点县项目，涉及相关县（市）近 300 个。沼气作为能源化处理畜禽粪污不可或缺的技术手段和种养结合的纽带，已经逐步被各地种养部门和大多数养殖企业、种植户接受，沼气的环保生态功能也愈发凸显。

五、城乡融合更加趋紧

近年来，在普及沼气技术和工程的同时，沼气发酵原料的来源更加广泛，除农作物秸秆和畜禽粪便外，沼气发酵原料开始转向工业有机废水废渣、城市生活污水和餐厨垃圾等，沼气生产能力逐步扩大。

据有关专家和机构预测，按照各种有机废弃物资源可获得性计算，未来中国沼气每年生产的潜力可达 1 000 亿~1 500亿 m^3，至少相当于 2016 年全年从国外进口天然气的总量。此外，伴随着规模化沼气工程的普推广，以及生物天然气的应运而生，沼气应用范围也越来越大，已不仅限于为周边农户或居民提供炊事取暖和日常照明的燃气，而是开始逐渐通过沼气提纯、压缩等方式，用于补充城市天然气紧缺和替代交通燃料。一些沼气工程在满足居民用气的同时，也开始利用沼气发电上网和为工业提供热源，工程效益得到了提升。在国家实行城乡统筹和一二三产业融合发展的宏观政策环境下，大批原来从事城市和工业环保的企业、投资者也纷纷进入到沼气行业，进一步助推沼气由过去单纯为“三农”服务，逐步扩大到为工业、商业、城市和交通业等领域服务，延长了沼气产业链条，拓展了沼气的服务功能。

六、创新能力更加提高

在大规模推广和普及沼气的同时，众多科研院所、大专院校、生产企业和基层技术人员投身到沼气的科技研发、技术创新和成人教育中来。从“六五”开始，国家在沼气基础研究和科研攻关方面投入了大量的人力、物力和财力，在不同阶段都形成了很多的科研成果，一批沼气新产品、新技术、新工艺、新模式和新材料不断面世。

特别是“十二五”以来，国家在科技支撑、重大科技攻关计划中都安排了跟沼气有关的基础技术、关键设备和重点工程科学研究与试点示范推广，组织各科研院所、大专院校和相关企业以集团或联盟的形式，对沼气工程中的发酵技术、工程装备及后处理技术等进行连续和全面攻关研究，推动沼气工程技术持续进步和不断创新。近年来，通过与国外政府、国际组织以及部分外国企业进行合作，引进、消化吸收了许多关键性技术，研发了不少实用装备和材料，在低温发酵、高浓度和干发酵、秸秆沼气、沼气提纯、多原料混合发酵、沼肥提质综合利用等方面开展了大量创新性科研工作，使得中国沼气技术成为全球领先，设备和装备生产制造能力也逐步赶上了世界先进水平。

七、国际合作更加频繁

中国沼气建设经验和模式作为世界上最成功的案例，得到了举世瞩目的关注，许多国家政府和国际组织纷纷与中国开展沼气领域的技术合作和交流。在40年间，中国成都的“亚太区域沼气研究和培训中心”和“联合国粮农组织（FAO）沼气技术研究培训参考中心”为100多个国家培养了数千名沼气管理和技术人员。

自2007年，中国加入了“甲烷市场化国际合作伙伴”组织，组织和参与了多次大型国际交流活动。在东盟和中日韩（10+3）合作框架内，中国政府多次牵头组织开展以沼气为主要内容的生物质能技术合作与对外援助活动。亚洲开发银行、世界银行、全球环境基金等国际组织实施了一系列区域性沼气示范项目，将中国的沼气技术、产品和人才介绍给发展中国家，许多中国企业在“一带一路”的框架下，到东南亚和非洲等地建设沼气工程，实现了“走出去”战略。与此同时，中国也积极通过“请进来”，引进德国、丹麦、瑞典等发达国家先进的沼气工程装备和成套设施，经过消化、吸收和再创新，提高了中国沼气工程的技术水平、生产能力和效益规模，也使中国沼气建设与发展的水平与能力得到了全世界的认可。

第三节　中国沼气的组织机构

自新中国成立以后，沼气就得到了历届党和国家领导人的关心与重视，特别是 20 世纪 70 年代，为了减缓农村地区由于燃料短缺导致乱砍滥伐而形成严重的水土流失现象，国家开始在全国组织农村沼气和省柴节煤炉灶试点县推广工作，并在农业部成立了全国沼气建设办公室，于 1979 年和 1980 年分别在成都成立了农业部沼气科学研究所和中国沼气协会（现中国沼气学会的前身）。1984 年，在国务院领导的指示下，农业部成立了临时机构农村能源办公室，翌年成为农业部正式内设正局级司局能源环保局，并在此后的几次机构改革后又易名为农业部环保能源司。在 1998 年的机构改革中，按照党中央和国务院精简 50%中央机构和人员的要求，农业部原环保能源司、科技司和教育司进行了整合，改名为农业部科技教育司，负责包括沼气在内的农村可再生能源开发与利用。

从 20 世纪 70 年代开始，各地也根据沼气事业发展需要相继成立了各级分管农村沼气行业的行政管理和技术推广部门，大多数农业大专院校设置了与沼气相关的农村能源专业，许多国家级和省级科研院所成立了沼气基础科学研究、应用技术研发机构或实验室。2012 年，农业部为了加强对沼气政策研究、技术推广、标准管理、宣传培训和国际交流的支撑力度，在整合部属有关机构职能与人员的基础上，成立了正局级事业单位——农业部农业生态与资源保护总站。经过 40 多年的努力，基本建立健全了全国性的沼气管理、推广和教育培训体系（图 3-4）。截止到 2016 年，全国涉及沼气的农村能源管理推广机构 12 322个，其中省级 41 个，地（市）级 333 个，县级 2 601个，乡镇级 9 357个，从业人员达 3. 5 万人。

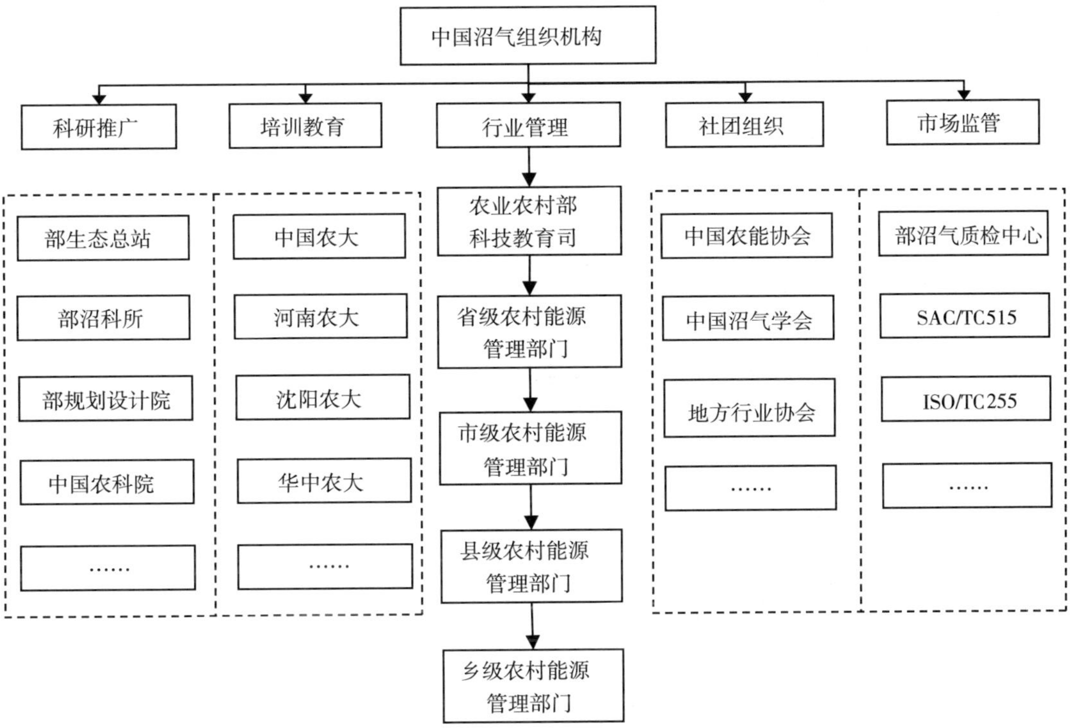

图 3-4　中国沼气组织机构框架

第四节　部分地区发展现状

一、四川省

1. 发展现状

（1）户用沼气池建设保持高位增长。

连续多年将户用沼气列为省委、省政府民生工程内容，“十二五”期间共安排中央和省级项目资金 14.3 亿元支持农民建沼气，全省“十二五”新建户用沼气池近 100 万户，保有量累计达到 616 万户，比“十一五”末增长 17.3%，适宜农户沼气普及率进一步提高，达到 67%，户用沼气保有量占全国 1/7，位居第一。攀枝花、成都、遂宁、广元、绵阳、宜宾、达州等 7 个市，九寨沟、双流等 55 个县普及了农村沼气，被省政府授予“四川省沼气化市”“四川省沼气化县”称号，实现了沼气化。截止到 2017 年年底，保有量仍达 601.21 万户。

（2）沼气工程建设快速发展。

与现代畜牧业发展和新农村建设相结合，积极发展大中型沼气工程和新村集中供气沼气工程，全省“十二五”新建各类沼气工程 3 300多处，较“十一五”末翻了一倍，总数达到 6 686处；沼气工程总容积达到 160 多万 m^3，居全国第二；结合城乡环境综合整治，建成生活污水净化沼气工程近 5 000处，保有量达到 474 万 m^3，占全国的 46%，位居第一；2015 年启动了 2 个规模化生物天然气工程试点项目，成为全国首批开展该项目试点的省份之一。截止到 2017 年年底，沼气工程总数达到 6 847处，总容积达到 174.09 多万 m^3。

（3）县、乡、村三级农村沼气服务体系初步形成。

注重沼气的后续服务，强化沼气服务网点建设，全省“十二五”新建乡村沼气服务网点 3 500多个，累计达到 1.2 万个，覆盖全省一半以上的沼气用户，县、乡、村三级农村沼气服务体系初步形成。创新服务机制，试点推行“菜单式”“托管式”“企业联营”等物业化服务模式，泸州、旌阳等地还实行了政府购买沼气服务新模式，解决服务网点运行难、沼气用户管护难的问题。

（4）农村沼气碳减排项目开发取得突破。

国际方面，户用沼气、大中型沼气工程、高效低排生物质炉清洁发展机制（CDM）项目已在联合国清洁发展机制理事会成功注册，并于 2014 年首次实现户用沼气碳减排国际交易，两年来已累计签发减排量 108 万吨，33 万农户获得减排收益共计 900 多万元，该项目还获得了全球能源基金会颁发的 2014 年度中国区“全球能源奖”。国内方面，启动了国内自愿减排碳交易（CCER）项目开发工作，并在国家发展和改革委员会备案，共计开发项目农户 14 万多户。

2. 主要做法与经验

（1）主动清理留存项目，发挥资金使用效益。

在抓好各类项目建设的同时，2015 年，四川省对以前部分市县留存的项目资金进行了全面清理，根据实际情况进行了优化调整，确保项目资金及时发挥效益。

一是退耕还林项目。四川省退耕还林农村能源项目因规划时间长，退耕地区实际情况变化大等原因，一些项目县户用沼气项目无法按原规划实施。经多次同省发展和改革委员会、财政厅、林业厅等部门协调并经省政府领导同意，于 2016 年分两次将 10.5 万口户用沼气池项目资金调整用于推广 32 万（台）套高效低排生物质炉和以电代柴，在优化项目实施内容的同时，为贫困地区农户解决实际困难。

二是中央和省级财政项目。为消化财政投资农村沼气项目存量，在广泛开展调研，了解各地留存项目存在的问题的基础上，印发了《关于加快农村沼气项目存量资金使用进度的通知》，指导各地积极化解留存资金，加快推进项目建设进度，消化了项目资金存量，推进了项目建设。

（2）加强正面宣传，营造良好氛围。

针对农村沼气转型升级以及四川省农村能源工作面临的不利局面，主动宣传报道四川农村能源取得的成绩、发挥的作用以及工作亮点，取得了较好的效果。

一是2017年4月，省委办公厅将全面反映四川省农村能源建设成绩和举措的文章《四川着眼绿色发展 推动农村沼气“老树”发“新芽”》以“四川信息专报”的形式报送至中央办公厅，被中央办公厅秘书局《每日汇报》单条刊发并呈送中央领导同志参阅，充分肯定了四川省农村沼气发挥的重要作用。

二是与省内主流媒体合作，对四川省农村沼气进行深度报道，如川报《一口沼气池，引发宁南三重蝶变》、四川农村日报《站在转型十字路口 四川户用沼气建设何去何从》等文章反响良好，得到了省委、省政府和农业厅领导的高度重视，省委书记、省委常委和农业厅厅长还分别进行了批示。三是对德阳市旌阳区的政府购买服务模式、绵竹市的户用沼气全托管模式、攀枝花市户用沼气“三高”成果、凉山州户用沼气在彝家村寨发挥突出效益等市（州）县先进的经验做法通过厅简报、网站等形式进行了宣传推广，其中《农村沼气为我省生态文明建设添彩》等文章被省委、省政府采用，呈送省领导参阅。

（3）主动试点示范，探索政府购买沼气后续服务。

农村能源经过多年的发展取得了不少的成绩，但也存在着许多亟待解决的问题，为解决这些问题，我们积极开展试点，探索发展经验。在德阳市旌阳区、梓潼县、安县等地开展了政府购买沼气服务调研和试点，探索政府购买基本服务内容和补贴方式；泸州市政府出台了《关于进一步推进农村能源建设及强化沼气安全管理的意见》，明确提出把农村沼气安全管理及建后服务作为全市农村能源工作的重点，全市仅2015年就投入518万元购买沼气服务，解决了户用沼气保险和后续服务难的问题；德阳市、宜宾市积极开展了财政补贴沼气保险试点，在保障农民切身利益方面作出了努力。

（4）开发自愿减排，实现农户长期受益。

为使农户在使用清洁能源的同时还能获得额外收益，四川省积极开发户用沼气碳减排国际国内项目。一方面，加大户用沼气碳减排国际项目（四川中低收入农户户用沼气规划类CDM项目）开发力度，扩大开发规模，由2014年的24万户沼气池扩大为2015年39.5万户，碳减排量由47万吨增加到108万吨，将为农户获得直接收益900万元人民币。另一方面，启动并积极推进国内碳交易市场户用沼气CCER项目，全省有14万沼气用户纳入CCER项目开发并通过第三方机构审定，目前已上会国家发展和改革委员会进行项目备案审批。

（5）建立约谈制度，防范安全事故发生。

从2014年起，四川省建立了沼气安全生产约谈制度，对发生沼气安全事故的市县农能办主任进行约谈。同时，为从源头上保证沼气工程的安全生产，四川省还对参与沼气工程设计的单位进行专家评估，对评估结论在“良好”以下的设计单位进行约谈，对设计单位进行告诫，对今后的设计工作提出要求，并在全省农村能源系统进行通报，确保沼气工程质量。

3. 问题与对策

（1）主要问题。

四川省农村沼气经过近 10 年的高速发展，也积累了一些问题，主要体现在以下几个方面。

①农村户用沼气使用率有待提高：近年来，随着城镇化进程加快、农村劳动力外出务工增多、商品能源普及程度提高以及散养农户逐渐减少，加之部分沼气池故障未能及时排除，一些地方已建户用沼气使用率有所下降，停用闲置率和报废率有所上升，个别地方使用率明显偏低。

②户用沼气后续服务管理难度大：一方面是农户自行管理效果不好，目前在农村的多为老人和儿童，学习和掌握沼气的管理维护和安全使用知识较慢，沼气池容易出现因管理不善导致产气率低下甚至停用的情况，而不正确的沼气维护和使用，又容易引发安全事故的发生。另一方面是后续服务体系运行困难，沼气后续服务体系是农村沼气持续健康发展的有力保障，国家前期投入了大量资金补助沼气后续服务网点用于购买设备，但由于沼气服务仍属于新生事物，缺少成熟稳定的运行管理模式和市场发展环境，加之农民花钱购买服务观念不强，绝大多数农村沼气服务网点运营十分困难，沼气技工流失严重，后续服务体系发展水平已跟不上农户的实际需求。

③沼气工程项目无法满足实际需求：据 2014 年调查数据，四川省存栏 100～500 头猪单位的养殖场约 6. 2 万个，存栏 500～3 000头猪单位的养殖场约 1. 3 万个，存栏 3 000头猪单位以上的养殖场约 1 000个，四川省每年中央和省级补助建设的沼气工程不足 200 处，远远达不到实际需求。

④沼渣沼液综合利用水平仍需提高：不少地方对沼渣沼液综合利用考虑不多、重视不够，一些工程在建设前期设计、施工上未能考虑沼渣沼液的利用，产生的沼渣沼液未能完全还田，有的甚至造成二次污染，使沼气融入现代农业、循环农业不足，沼气的重要作用未能充分发挥。

（2）意见和建议。

①将沼气服务纳入政府补贴范畴，提高农村沼气安全保障能力：虽然四川省的泸州市、德阳市旌阳区探索和试点了政府购买沼气服务模式并取得显著成效，但在绝大多数区县，受限于地方财政吃紧，要在全省推广政府购买服务模式仍十分困难。四川省现已建成县级沼气服务站 55 个、乡镇服务中心 1 231个、村级服务网点 10 743个，推进政府

购买沼气服务有基础、有潜力，建议将沼气服务纳入政府补贴范畴，有力确保已建成的农村沼气设施持续发挥民生效益，同时将沼气保险纳入农业政策保险，提高农村沼气安全保障能力。

②对沼肥利用设施设备进行补助，鼓励沼渣沼液综合利用：沼气工程上联养殖业、下联种植业，能否用好沼渣沼液直接影响沼气工程整体效益发挥。建议在中央预算内投资大型沼气工程建设中增加对沼渣沼液综合利用设施设备进行补助，鼓励有条件的养殖企业和种植企业开展沼渣沼液综合利用，使农村沼气更好地融入大农业，提升农村能源形象。

③将中型沼气工程纳入国家补助范畴：四川省是养殖大省，存栏500~3 000头猪单位的养殖场数量巨大，达到1.3万个，目前，中央支持建设的农村能源项目主要针对特大型（生物天然气）、大型，中型沼气工程没有项目支持。建议在中央预算内投资农村能源项目中增加对中型沼气工程的补助，弥补这一政策空缺。

④审慎发展规模化生物天然气工程：规模化生物天然气工程投资巨大，原料保障难度大，环境承载压力大，项目能否长期有效运行有待进一步检验，宜审慎发展此类项目。四川省是养殖大省、种植大省，符合工程建设条件的项目业主也屈指可数，可适当降低项目门槛，将日产生物天然气量由10 000m^{3}降至5 000m^3。

二、云南省

1. 发展现状

（1）沼气概况。

全省农村能源建设部门认真贯彻党的十九大精神，高举农业绿色发展大旗，突出绿色生态导向，强化政策创设、模式推广、主体培育、科技支撑、监测督导，发展壮大政府与市场协同驱动的农业环保与生态循环产业，着力构建政府为主导、企业为主体、社会组织和公众共同参与的农业环境治理体系，不断提升农业绿色发展水平，形成以事业带动产业、产业推动事业的发展格局。

（2）沼气规模。

受益国家政策对农村能源特别是农村沼气的大力支持，近10多年来，云南省农村沼气获得了快速发展。从2003年开始，国家批复云南省22批次农村沼气四大类项目，资金共计23.55亿元，极大地促进了以沼气为纽带，连接种植、养殖的生态农业发展。截至2017年底，全省农村户用沼气保有量为311.09万户，农村户用沼气的保有量居全国第六位；沼气工程养殖小区和联户沼气工程1 314处；规模化大型沼气工程241座，规模化生物天然气工程3座；农村沼气乡村服务网点6 425个。

云南省农村通过废弃物无害化处理、清洁能源供应和有机肥生产“三位一体”模式，极大地促进了绿色和有机肥农产品生产，经济效益、生态效益得以持续显现，以农村沼气为主的清洁能源成为一二三产业融合，有机肥替代化肥的重要纽带，成为受全省广大农村和地方政府欢迎的民心工程、富民工程、清洁工程、能源工程、生态工程。

（3）沼气作用。

以沼气为纽带促进循环农业的发展，为乡村振兴发挥了极其重要的作用。通过近十几年的快速发展，云南省形成了一批沼气示范县、沼气示范乡镇、沼气示范村。示范县基本达到了60%的户用沼气覆盖率，示范乡镇达到85%以上，示范村基本达到全覆盖。同时，通过多年的实践探索，形成了“猪-沼-果（菜）”等能源生态模式。沼气工程呈现快速发展势头，实现了“减量化收集、资源化利用、无害化生产”。

养殖企业将建设大中型沼气工程与养殖、种植、农产品加工紧密结合起来，呈现了沼气用来集中向农户供气、发电、热水锅炉、烤酒、农产品加工等多元化利用方式，沼肥用来制造有机肥，实现了农业生产的可持续发展，极大助力了云南省乡村振兴。

2. 主要做法与经验

（1）政府主导。

坚持把农村能源建设从部门行为上升到政府行为，明确政府是责任主体，纳入年度考核目标。

（2）加大投入。

省、市、县各级多渠道增加投入，农民群众的投入也成倍增加。

（3）合力共建。

政府统筹，部门协调，统一规划，合力共建，整体推进。

（4）强化督查。

政府督查牵头，相关部门配合，督查与通报并举，督查落实目标任务、配套资金、工作经费，督办建设进度。

（5）狠抓培训。

多渠道、多方式加大沼气生产工培训力度，确保农村沼气建设的要求。

（6）安全生产。

严格执行沼气安全生产责任制、事故报告制、沼气生产工职业准入制等制度，确保安全生产，农村沼气安全管理工作作为每年例行工作。

（7）管理创新与政策创设。

云南省农业厅针对中央预算内资金补助项目制定了配套的规章制度，规范了管理行为，完善了管理办法，对项目的顺利推进起到了保障作用。2003 年 12 月出台《云南省农村沼气建设国债项目管理实施细则》（试行）；2005 年 2 月出台《云南省农村沼气建设国债项目管理实施细则》（试行）补充规定；2005 年 3 月出台《云南省农村沼气国债项目验收办法》,（试行）；2009 年 9 月出台《云南省农村沼气乡村服务网点建设管理办法》（试行）和云南省养殖场大中型沼气工程建设项目管理办法》（试行）；2010 年 8 月出台《云南省中央预算内资金畜禽养殖场大中型沼气工程建设管理实施办法》（试行）；2014 年 7 月出台《云南省养殖小区和联户沼气工程建设规范》。

3. 问题与对策

（1）存在问题。

①投入机制不健全，投入资金不足：农村能源建设是解决农村用能、节能减排、生态环境建设和可持续发展的一项重要举措。云南省农村沼气建设资金在全国居前列，但由于贫困面和贫困人口比例较大，而且尚未形成多渠道的投入机制，投入不足仍然是制约发展的主要因素之一。

②管理和服务体系仍不完善，服务功能不强：一些市县级管理机构不健全，工作经费不足，部分乡村虽然建立了服务网点，但配套服务体系运行机制不健全，难以提供高效服务。

③综合利用程度较低，尚未形成产业化发展格局："三沼"综合利用经验不足，以沼气为纽带，集养殖、沼气、种植为一体的循环农业模式，在发展生态农业、增加农民收入方面发挥的作用还不充分。

④养殖小区和联户沼气工程、大中型沼气工程项目供求失衡：近年来，随着云南省养殖结构调整，养殖小区和联户养殖的规模逐年扩大，大中型规模养殖迅猛发展，使得养殖小区和联户沼气项目、大中型沼气工程供不应求。

（2）意见建议。

①坚持实践引领，狠抓典型示范：要结合各地区域特点，以畜禽粪便综合利用、种养结合循环农业、有机肥替代化肥行动为重点，积极探索形式多样的试点和示范。

②加强机制模式创新：通过推广"政府+社会资本"合作模式，积极探索以农业行政部门为项目发起人。以沼液沼渣等畜禽粪便综合利用产品经销权为基础，以政府采购依法公开选择合作伙伴，以财政补贴为主要投资方式，以农业部门规范监管为重点，以沼肥异地还田利用为主要形式的畜禽粪便治理模式，云南省已计划在会泽、石屏、蒙自、沾益四县进行试点。

③推进全省农作物秸秆资源化利用：加快推进秸秆综合利用，对促进云南省农民增收，改善环境质量和发展云南高原特色现代农业具有重要意义。为此，云南省农业部门在秸秆肥料化、饲料化、能源化、原料化、基料化等方面开展了广泛利用。据调查统计，2016 年，全省农作物秸秆理论资源量为 2 092. 12万吨，可收集量 1 809. 93万吨，农作物秸秆综合利用率达到 80. 9%，秸秆利用量为 1 692. 91万吨。计划到 2020 年，全省农作物秸秆利用量不低于 2 000万吨，全省农作物秸秆综合利用率达到 85%以上。

④千方百计盘活已建各类沼气存量：不断完善激励机制，使全省沼气使用率保持较高水平。继续开展农村沼气服务体系建设，增强乡村综合服务站的生存能力、扩大覆盖范围，做到“小服务不出村，大服务不出乡”。继续大力推广沼气工程物业化管理新模式，确保沼气工程建得好、稳定住、用得上，服务人员有收益，沼气用户有效益。继续加大全省农村沼气循环农业试点建设，加快推广“三沼”综合利用技术，打造优质农产品品牌，提高农产品价格，促进农民增收，充分拓展“三沼”综合利用效益。

⑤建议将小型沼气（联户沼气和养殖小区工程项目）列入中央资金支持范围：云南省养殖企业多存在小、散、弱的特点，以养殖大户或专业合作社形式进行中、小规模养殖的养殖场数量众多，故小型沼气工程项目需求十分巨大，在云南省广大农村示范效果好、带动性强、广受养殖户欢迎，希望中央继续支持小型沼气工程项目。

⑥建议出台户用沼气持续利用的相关政策措施：国家通过使用大量的资金，建设了大量农村户用沼气，可以说，农村户用沼气发挥了巨大的历史作用，其成就有目共睹。但从 2015 年开始，中央资金不再对户用沼气、服务网点建设投入，使得农村户用沼气陷入无法管、无力管、断炊缺粮的自生自灭的状态，从而影响了持续效益的发挥，也存在较大的安全隐患。鉴于农村快速发展、农业转型升级的实际，为最大限度充发挥现有农村户用沼气的作用，建议在体系建设方面给予资金支持、出台沼肥作为有机肥替代的政策措施。

三、湖北省

1. 发展现状

湖北省农村沼气建设始于 20 世纪 70 年代末期，2003 年以来稳步发展，尤其是 2008 年以后发展更为迅速，2015 年又启动了以规模化生物天然气工程试点建设为主体的转型升级发展。截至 2017 年年底，湖北省共有户用沼气 301. 08 万多户、沼气工程 8 620处（其中小型沼气工程 8 235处、大中型沼气工程 379 处）、乡村服务网点 5 309 个，还有在建规模化生物天然气试点工程 2 处，形成了“稳步发展户用、快速发展小型、适度发展大中型、同步发展服务体系”循序渐进、多元发展的良好格局。

（1）户用沼气建设成效较好。

湖北省户用沼气建设历史比较久，建设经验也颇为成熟，尤其是近年来，各地结合本地资源禀赋和地域特点，跳出“就沼气建沼气”的传统思维，结合沼渣沼液综合利用，把沼气建设深度融合于现代循环农业建设，创新了沼气发展思路。鄂西山区和鄂东靠近安徽、河南交界的大别山区农户因保持有良好的传统家庭养殖习惯，沼气建设意愿大、沼气有效使用率也高，基本达到 80%以上，同时他们在房前屋后利用沼渣沼液种菜种瓜，家家户户形成了以户用沼气为纽带的庭院经济发展模式。鄂东黄冈、鄂州丘陵地区有效结合沼渣沼液利用和茶园、果园经济作物种植，广泛形成了“农一沼一茶”“农一沼一果”“农一沼一渔”等循环农业模式，创新了生态农业和品牌农业发展品牌之路。

除传统山区、丘陵地域沼气发展较好之外，近年来湖北省部分平原地区也大力创新推进“三沼”综合利用建设，重新激发了沼气使用的内生动力。如汉川市以农机专业合作社水稻集中育秧为纽带，大力推广“猪-沼-稻”模式，通过水稻沼液浸种技术的示范推广，规模化减少化肥农药的使用，促进粮食增产增收。地处江汉平原的公安县埠河镇，部分葡萄种植专业户虽然不自养生猪，但为取得“沼肥”便外购猪粪发酵生产，该镇的沼气已经形成完整的产业链。还有松滋市胜利村有 736 户农户，分到该村的国家沼气投资指标只有 104 户，群众“意见比较大”，农户干脆自己出钱兴建了 266 口沼气池，户用沼气普及率达到 50. 3%，“三改”配套率 78%，有效使用率达 93%。

（2）小型沼气工程发展势头强劲。

近年来湖北省小型沼气工程发展迅猛，建设地域从部分市县试点示范向全省各地推广铺开；建设池型从小型化单一化向中型化（150~300m^3）和多池串联方向扩容发展；建设用途从近距离自产自用向直供周边农户、提纯压缩车载远程运输等远距离供给用户方向发展；建设机制由养殖小区公益化建设管理向社区化建管、市场化运行方向扩展。

截至 2014 年 12 月 31 日，全省累计建设小型沼气工程 6 289处，“十二五”期间，湖北省投入小型沼气工程建设资金逾 4 亿元，特别是 2013 年以来，建设数量快速增长，年新建数量均在 1 000处以上，但建设缺口仍然很大。如汉川市建成并良好运行的小沼工程有 56 处，但仅占需求农户的 10%。小型沼气工程建设发展不仅力度大，而且标准高，很好地坚持了工程施工标准化、管理模式化和使用效益化。

①施工标准化：施工标准化推动了建设的规范化，形成了山区、平原、丘陵等不同地域特点的规范化工程施工建设方式方法。如鄂州 4 个 50m^{3}放大式联合池体，总容积 200m^{3}池容小沼工程建设模式就极富代表性，施工时整个工程用地 300m^2，完工时通过回填可恢复大棚设施农业耕地 270m^2，沼气工程地面设施占地不足 30m^2，单个发酵池相对独立密封建设，可根据不同季节气温调节原料浓度和运行发酵池个数，充分保障工程的检修维护需要和全年供气稳定。施工过程中同步安装沼气物联网监控平台，实现生产全流程远程同步监管与控制。

②管理模式化：目前湖北省小型沼气工程主要有两个比较成型的管理模式。一是专人管理模式，以 2~5 个工程为单位整体性资产移交给专业沼气技工或村组管理和维护，原料由管理者向附近养殖场业主协议购买，技术维修可按次付费或定期协议付费，供应农户用气计量收费，销售沼渣沼液协议收费。农村能源主管部门对项目运行进行跟踪监管，协调管理者、养殖场业主和用气农户三方关系。二是沼气合作社管理模式，农村沼

气合作社成员由用气农户、项目业主及沼气技工等组成。合作社对工程整体技术承包，开展专业化管理服务，并收取小沼工程一定的技术服务费；农户用气计量收费，收费标准经社员代表大会讨论后统一公布执行，财务状况年终召开社员代表大会讨论，盈利按入会付费比例进行分红；县市农村能源办为合作社配备进出料和检测仪器等硬件设备设施，并从技术、物质、资金等各方面给予扶持。

③运营效益化：用气科学定价，综合利用好沼渣沼液，确保项目运行长期可行。鄂州市余湾新社区小型沼气工程建成后委托梁子湖区沼气专业合作社管理，供气 41 户，合作社按 1.5 元/m^3标准收取用气费用，其中 1.2 元分配给合作社，0.3 元分配给社区，年盈利约 1.4 万元；汉川沼气专业合作社黄正年通过管理 6 个 100m^3 小沼工程，既为畜禽养殖户排忧解难，解决周边 5 000头生猪的养殖污染；又可以出售沼肥给本村种田农户和水产养殖户助推种养业发展；还能自己获得一定的盈利收入，仅年出售沼肥效益就达 4 万多元。

（3）大中型沼气工程建设边摸索边推进。

目前湖北省大中型沼气工程建设工艺主要有两种。一是基于 CSTR 的发酵储气一体化工艺或发酵与储气分离工艺；二是基于 USR 的厌氧发酵工艺。发酵罐容积介于 500~2 000m^3之间，基本上按照中温发酵设计工艺建造，在冬季采用锅炉进行升温。但是由于受煤炭价格、供应农户数量和管理费用等因素综合影响，鲜有沼气工程能在冬季升温和保持中温运行，因此大中型沼气工程日常运行中仍然采用的是常温发酵生产工艺。

目前湖北省大中型沼气工程建设管理权限已下放至市县，由各县市农村能源办公室公开招标，并由具有一定资质的中标企业承建主体部分建设，由业主承建土建工程施工。沼气工程管理运行原来大多依靠养殖场业主，成都沼气会议提出“解除两个捆绑”要求后，近年来通过大胆探索，武汉、洪湖、松滋等地部分新建大中型沼气工程依托村组社区建设管理，效果也比较明显。如松滋市南海镇牛食坡村集中供气站，该站建有380m^3沼气池，于 2003 年 11 月底建成运行，年产沼气超过 5 万 m^3，每年与温氏集团松滋养殖区签订 1 000吨粪污处理合同，由气站免费为养殖场拖运消化，既减轻了养殖场的环保压力，又为供气站长期提供了富足的优质发酵原料。沼气利用方面，常年供气80 户，气价为 1.5 元/m^3。在沼肥利用方面，先后与南海新果源专业合作社和南海渔场分别一次性签订 40 万~50 万元的沼肥供应合同，连续 5 年每年供应 1 000吨沼肥，年创直接经济效益达 8 万元以上。

（4）后续服务体系建设初显成效。

截至 2014 年年底，全省共建设乡村服务网点 5 309个，覆盖全省 60%的项目村，形成了“分县建设服务站、跨乡镇建设服务中心、村组建设服务网点、技工分片承包户用和集中供气项目维护”的基本服务网络格局，服务终端延伸至村组农户。同时服务手段也大为提高，1.5 吨以上沼液抽车 3 331辆，固定抽沼液设备 2 000台，大大缓解了沼气池出料难的问题。通过多年的建设发展，目前全省沼气服务网点管理推广人员有 1 953人，沼气技工达 8 199人，沼气服务从业人员更是多达 1.8 万余人，开展建池到管护全程服务。在 2010 年、2012 年、2014 年连续 3 届由国家多部委联合举办的“中国技能大赛（沼气技工大比武）”擂台赛上，湖北省代表队蝉联团体金奖的好成绩，“最美沼气工”袁亮更是打响了农村沼气服务品牌，誉满全国农业系统。

全省农村能源建设产生了巨大的综合效益，每年可产沼气和生物质燃气 13.7 亿 m^3，年产优质沼肥超过 8 000万吨，形成规模化连片“三沼”综合利用基地 1 300万亩，农民每年通过节约燃料和肥料支出就达 30 多亿元。全省农村清洁能源年生产能力相当于 115 万吨标煤，年减排二氧化碳等温室气体 678 万吨，极大地促进了节能减排、生态环保建设，使山更绿、水更清、天更蓝。

2. 主要做法与经验

（1）高度重视农村沼气组织领导和法规建设。

湖北省各级党委、政府十分关心和重视农村能源建设发展。省、市、县三级自上而下成立了农村能源建设工作领导小组，并由同级政府分管领导任组长，集中农业、发改、财政、扶贫、卫生、教育等多部门力量，共同推动农村能源建设快速发展。

一是在资金投入上，通过“一建三改”整合部门资源，将扶贫开发、水土保持、村镇建设、移民安置等项目资金捆绑使用，提高投资效益。自 2008 年以来，每年均安排省级发改、财政配套资金 1.6 亿元以上，或是配套安排中央预算的大中型沼气工程，或是单独安排分户和小型沼气项目建设，成功推动了湖北省农村沼气建设驶上快车道。

二是在工作安排上，农村能源领导小组多部门成员单位建立联系机制，统一部署，统一下达项目资金计划，形成“各炒一盘菜、共办一桌席”的良好局面。

三是在项目管理上，省农业、发改和财政等部门统一管理，联合检查，共同验收，形成了有效的资金引导和监督合力，确保了工程质量。同时近年来省委省政府还不断加大政策扶持力度，颁布和出台了一系列办法、条例及文件，2010 出台的《湖北省农村可再生能源条例》，为全省农村能源建设健康、快速发展提供了较好的中长期政策性导向和指引。

（2）极其注重农村沼气市场驱动和产业发展。

湖北省不断推进农村沼气市场化进程，进一步加强政府规划指导、政策引导的力度，充分发挥市场机制在农村能源建设中的作用；引导农民和业主自筹资金，鼓励和引导符合条件的多元市场主体参与农村能源项目建设，推动农村能源建设项目持续高效运行，最大限度地发挥经济效益；积极引导农村沼气的产业化发展，有重点地扶持以农村沼气建设及其配件和设备生产为主导的龙头企业，创立名牌产品，带动整个农村能源产业链的发展，做到“发展一片、带动一方”的良好格局；严格执行农村沼气技术、产品、设备和监测等相关标准，健全标准化和技术监督体系，规范市场，实现农村沼气产业化发展、市场化经营、物业化管理和社会化服务。同时通过项目补贴、费用减免、产品采购等措施扶持湖北蓝焰、湖北迅达、武汉金威太阳能等龙头企业发展。

（3）着力推动农村沼气科技创新和规范建设。

多年来湖北省持续加强科技支撑创新能力建设，大力推进各种标准规范的制订和执行，把增强能源技术和管理创新能力作为转变农村能源发展方式的重要手段，推进现代能源新技术、新产品、新模式的开发应用，不断提升农村能源设施建设和管理服务的信息化、自动化和智能化水平，全方位提高农村沼气建设能力水平。

一是积极发挥省内大专院校、科研院所的专家师资优势，开展科技攻关和组织技术培训，技术指导；

二是创新试点建设新技术、新模式，公安小型沼气提纯净化压缩和远距离罐装车载运输、小区建设供气站工艺技术模式的成功试点建设，就是湖北省小型沼气工程建设的一个创举，2015 年于公安县召开了现场会，并逐步在全省推广建设；

三是大力加强农村能源科技推广体系建设，加快农村能源技术更新、推广和普及，使湖北省农村能源综合开发能力，科技队伍综合素质、科技创新能力和科技服务水平都得到了很好提升。大中型沼气工程、秸秆沼气、规模化养殖场废水处理等沼气技术取得关键性突破，一批实用型新成果正被广泛应用。

（4）努力强化农村沼气队伍建设和服务功能。

湖北省始终坚持自上至下的多层次队伍培训建设，重视对沼气服务配套设施的投入发展。一是不断加强队伍建设，通过学历教育、短期培训、职业技能培训鉴定和实践锻炼等多种方式，培养了一大批能承担重点工程设计、施工、监理等任务的高素质专业技术人才队伍，服务能力不断增强，大部分施工队伍实现了职业化管理、标准化作业、机械化施工。二是不断加强营运服务能力发展，按照“政府扶持、市场运作”的原则，加大服务网点建设投入，尤其是重点开展好村级能源服务网点技术培训与指导，按照“服务专业化、管理物业化”的思路，采取企业领办、个人承包、合作组织、协会互助等服务模式，通过大中型出料车等服务设施配备加强服务能力，在规模化养殖中探索了“功能化设计、花园式管理、分级化处理”等新型服务模式，从根本上为业主解决了养殖污染，拓宽了沼气服务市场，提升了沼气服务队伍的市场化服务和效益化运营。

3. 问题与对策

（1）主要问题及原因分析。

①农村沼气建设总体呈现出力度不够、动力不够、创新不够等问题：一是沼气建设发展和效益发挥力度不够。首先是沼气工程，尤其是规模化沼气工程的立项投资建设规

划远跟不上畜禽养殖业的快速规模化、专业化发展，畜牧发展和沼气建设作为关联产业，既缺乏前期统一规划，也缺乏部门间统一协调和配合，更谈不上同步推动建设；其次是沼气工程规模设计不够，由于资金标准等原因，部分大中型沼气工程存在养殖场大，工程建设规模偏小的问题，更多的是部分小型沼气工程建设规模选择不精准，导致建设容积偏小、污染处理不够、建设标准不高，建设效益打折扣；最后是沼渣沼液等综合利用能力不够，城乡居民对优质安全农产品的需求与农村能源及其“三沼”的综合利用不相匹配，“三沼”综合利用面积不大，效益不高，未对稳步上升的绿色农产品市场发展提供应有的推动作用。

二是沼气保障支撑和市场驱动动力不够。农村能源硬件设施保障方面主要是网点建设投入不足，工作条件差，与农村能源快速发展的要求不相匹配，难以满足现实需求；政策保障方面缺乏合理有效的激励政策，以及相关政策之间也存在着协调性差、政策难以落实等问题，导致无法形成支持农村沼气等生物质能产业持续发展的长效机制，沼气用气补贴政策酝酿多年，但推广铺开困难重重；信贷、税收、用地用电，行业准入等方面不能形成有效的政策扶持。市场内生动力不够主要是主体激励不够，发展农村能源工程需要面对千家万户，是个“准公共”事业，但工程建设主体与服务提供主体职能划分不明，影响了企业服务积极性。有的企业投资兴建了大型工程，为周边农户提供服务，是办了好事实事，却因种种原因矛盾不断，企业疲于应付。加上所得补助不高，个别地方出现提供服务越多，企业亏损越大的现象，使企业提供服务的热情逐渐消退。

三是沼气科技研发和标准化规范创新不够。多数农村沼气行业的技术开发和科技创新主要依靠企业自身进行，受资金、人才制约，难以在更大范围和更深层次上得到快速突破和发展；未能建立对沼气研发单位的长效扶持和资助机制，没有对沼气产业关键技术问题组织具有针对性的持续研发，研发单位在课题立项和成果转换方面没有得到很好的对点衔接和定向支持，中长期重点科技攻关力度不够；沼气工程装备技术存在制造水平低下、品种单一或缺档、耐用性和配套性差等问题，部分设备技术瓶颈并没有得到很好解决和突破；部分农村沼气产品质量不高，部分制造企业基础薄弱，工艺落后，标准、规范和技术体系不健全，质量难以得到保证，致使部分农户使用的沼气灶、沼气饭煲、生物质能灶等产品质量较差，故障率较高。

②户用沼气发展客观制约因素明显增多但仍有需求：通过调研可知，户用沼气发展的一些传统建设优势正在逐步淡化，客观制约因素一定程度存在。首先是建设成本增大，建材价格和人力成本普遍快速攀升，提高了户用池建设成本，湖北省中西部地区 $8m^3$ 户用沼气池建设成本 2008 年约为 3 000元，2010 年约为 3 500元，2012 年约为 4 200元，2014 年到现在已达到 5 000多元，再加上“三改”配套总需 8 000~10 000元，如果国家不再安排户用项目资金，单凭省级分户安排和农户自筹，后继乏力。

其次是城镇化快速推进。新农村和城乡一体化建设快速推进，迁村腾地造成原有村庄院落成建制消失，导致部分户用沼气池弃用；农村大量“候鸟性”人口迁徙，举家外出务工、经商，逢年过节回来短住，使用时间短，致使有效使用率低下；农村年轻人大多外出，适龄劳动力大幅减少，沼气池进出料维护能力弱化，沼气池建管积极性大为下降。再次是畜禽养殖结构变化。平原湖区、大中城市郊区及经济发达县市近年来散户养殖逐渐萎缩，部分已建沼气池没有原料导致弃用或使用效率不佳。

最后是农村能源使用来源多元化。部分经济条件较好地区，煤炭、天然气相对于沼气使用更为便捷、舒适，比较优势凸显。综上所述，虽然户用沼气池建设空间被逐步挤压，但鄂东南、鄂西北山区丘陵地域由于传统生猪养殖习惯较好，加之经济水平偏低，交通不便，商品能源成本偏大等原因，户用沼气建设仍然有一定需求，潜在使用率依旧很高，仍应适度发展，满足该地域农户需求，致力于全面小康社会建设。

③小型沼气工程规范化、标准化和市场化建设仍需深化推进：

一是池型建设规模过小，建设实践中原有的50～100m^{3}池容偏小，供气户数过少，效益较低，要适度提高建设规模标准；

二是依靠养殖场业主建设小型沼气工程模式还大量存在，制约着项目建设的可持续发展，要大力发展小型沼气专人管理、沼气合作社和基层村组集体建管运行模式，推进市场化运作；

三是小型沼气建设存在碎片化、分散化问题，过于分散则不利于运营，后期管护成本过大，管理人员没有经济效益，市场化运行就非常困难；

四是原料收集成本较高，专人管理和合作社管理工程粪污原料来源散布于村落之间，协调收集机制还需要进一步优化；现行的原料运输方式主要采用粪污抽送设备和运输罐车等非专业化设备，缺少科学设计的专用抽送粪污设备和耐久度高的专用运输车辆。

④大中型沼气工程建设存在运行效益不高的问题：

一是政策和管理手段匮乏。目前湖北省大中型沼气工程主要依托规模化养殖场建设，养殖业主无法依靠工程售气的单一盈利手段维持工程运行，再加上工程只有前端建设补助，没有后续产品补贴，因此大多业主建设工程只是为应付环保执法检查，不是真心为周边农户供气，重除污功能、轻供气惠民；

二是工艺材质不够先进。湖北省沼气工程建设大多采用搪瓷钢板和柔性气囊储气工艺，安装建设中如操作不规范，极易出现搪瓷钢板磕碰，长期运行还会造成腐蚀穿孔，导致漏水漏气。柔性气囊材质在长期运行过程中也极易损坏，导致漏气，存在安全隐患；

三是沼液利用能力有限。湖北省大中型沼气工程主要采用的是传统湿法发酵工艺，沼液数量大，极易造成二次污染，虽然沼气工程设计时沼液多采用还田处理模式吸纳，但受制于田地消纳面积、作物生长阶段和季节等因素，目前沼液很难做到完全消纳。

⑤后续服务体系功能有待进一步加强：近年来湖北省加大后续服务体系建设投入，全面布局服务网点，创新服务机制模式，服务支撑平台基本构成，功能效用基本得到体现。但仍然存在服务有盲区、运转缺经费和从业人员素质不高等问题。服务盲区主要存在于神农架、恩施和十堰等部分地广人稀的林地山区，农户居住分散，沼气池分布点广线长，乡村服务网点服务半径有限，服务人员难以上门服务，局部区域无法有效覆盖。运转难主要是后续维修服务成本较高，收取费用有限，各地财政资金补贴能力参差不齐，造成部分地区服务网点难以为继，运转乏力。尤其是进出料维护人工劳动强度大，机械化操作成本又高，影响了沼气池的正常使用功能。

我们在咸安区某村随机抽查 15 户 2008 年修建的沼气池，这些农户均在家中养殖了 2 头以上生猪，但沼气池运行良好的只有 6 户，其余 9 户供气不足，经技术人员查看，发现这 9 户自建池以来从未进行过大出料。机械大出料一至两年一次，成本约为 300 元，农户认为出料成本太高，难以承受，导致沼气不能正常使用。技术服务人员也大声叫苦，现在的油价太高，300 元的服务收费也仅能保本，管护工作很难开展。后续服务效益不明显，后续服务岗位缺乏吸引力，骨干力量流失严重。据统计，2008—2012 年全省沼气专业技师弃岗转行或外出打工年均离岗率在 15%左右，近几年更高达 20%~25%。在岗人员基本是兼职从业，业务“吃不饱”，心思就抛锚，定期培训、专业管理和规范考核评价就更加无从谈起。由于后续服务功能的“缺位”，导致户用沼气“一年好用、二年能用、三年不用”的现象各地频现，挫伤了农户建设使用沼气的积极性。

（2）几点建议。

①继续支持户用沼气：鉴于鄂西北、鄂东南山区丘陵地域仍有户用沼气项目建设需求之现状，建议继续安排湖北省部分户用沼气项目，并提高补助标准至每池 3 500~4 000元为宜；同时立足湖北省建设实践，大力支持湖北省小型沼气工程建设。

②健全法规体制：建议及时出台规模化集中供气沼工程建设法规，规范推动沼气工程规划、建设、管护和运营工作，为成功实现农村沼气转型升级发展提供支撑保障。

③建立后端补贴机制：建议创新改革投资补贴方法，转变项目补助方式从现有工程建设前端补助为工程运行后续产品补贴，即根据产气量或发电量来进行补贴；通过设置后续服务网点补助资金、“三沼”综合利用专项补助资金、“以钱养事”资金等方式，大力推动沼气工程市场化运行的同时辅以公益性补充，增强行业持续发展生命力。

四、广西壮族自治区

1. 发展现状

（1）发展概况。

自 2003 年国家启动农村沼气国债项目以来，广西壮族自治区共累计争取到农村沼气项目中央投资 19.86 亿元、落实自治区级补助资金 12.25 亿元。从 2005 年起，自治区人民政府将农村户用沼气项目建设列入当年为民办实事内容，各级党委、政府的重视和资金的落实到位，使广西壮族自治区农村沼气建设进入了快速普及、多元发展、建管用并重的发展阶段。

（2）主要成效。

①沼气池入户率稳居全国前列：近年来，自治区人民政府把沼气池建设作为惠及百姓的“民心工程”“富民工程”来抓，连续 9 年将农村沼气池列入自治区民办实事项目。截至 2017 年底，全区累计建设沼气池 389.05 万户，沼气入户率达 50.75%，受益人口达到 2 000多万人。

②大中小沼气工程建设快速发展：为实现农村能源支撑全区养殖业的健康发展，广西壮族自治区加快建设大中小型沼气工程建设。截至 2017 年年底，沼气工程 1 129处（其中小型沼气工程 801 处，大中型沼气工程 328 处），生态卫生学校沼气工程 375 处，农村生活污水净化沼气池 251 处，有力地改善了农村人居环境，推进了生态农业、循环农业、绿色农业的发展。

③服务体系建设逐步完善：近年来广西壮族自治区一直把农村沼气服务体系建设作为一项重点工作来抓。截至 2014 年 12 月底，建设乡村沼气服务网点 6 663个、县级沼气服务站 81 个、市级沼气服务总站 4 个，从业人员 15 308人，服务 220 多万户农户，覆盖率达到 40%。

④因地制宜发展区域特色：近年来，全区农村能源系统根据自身区域发展的需要，因地制宜制定发展思路。在河池、百色等老、少、边、穷的边境地区和丘陵山区着力发展户用沼气池，例如推广便于安装的玻璃钢沼气池和便携式沼气池，用于解决农民的用能问题；在玉林、贵港等养殖业较发达的平原地区，着力发展联户和养殖小区以及中小型沼气工程，用于解决养殖业产生的粪污，同时积极开展沼气管道化试点，为农民提供清洁、便利的能源；在贺州、桂林、百色等蔬菜、水果种植基地，着力发展沼液、沼渣综合利用，用于提升农产品的品质，推动循环农业的发展。

⑤农村多能互补格局初步形成：在稳步发展沼气的同时，因地制宜加快推进其他农村能源发展，全区累计推广省柴节煤灶 739.2 万户，节能炉 2.45 万台，太阳能热水器 239 492台，微型水力发电 13 610处，小型风力发电 1 124处，生物质气化集中供气

1 600户。以沼气池为主、多能互补的农村节能减排新格局已见雏形。

农村能源从小工程做成大产业，把小环境变成大生态，由小项目形成大事业，正从多方面、多角度、多环节发挥着重要作用，已经成为新时期新农村建设的重要内容之一。

一是推动了农业发展方式转变。农村沼气上联养殖业、下促种植业，不仅有效防止和减轻了畜禽粪便排放和化肥农药过量施用造成的面源污染，而且对实现农业节本增效、循环发展，提高农业综合生产能力和竞争力发挥了重要作用。据统计，广西壮族自治区农村户用沼气年处理粪污7 900万吨，沼肥利用可减少20%以上的化肥和农药施用量，可实现粮食增产15%~20%、蔬菜增产30%~40%，为农民增收节支59亿多元。

二是助推了山清水秀与生态美。发展农村沼气等可再生能源是国家节能减排的重要内容，对于减少化石能源消耗，改善自然生态环境发挥了不可替代的作用。据测算，全区406万户沼气池年产沼气量约为16亿 m^3，相当于替代255万吨标准煤，年处理粪污7 900万吨，减少甲烷排放约5万吨，减少二氧化碳排放87万吨。全区森林覆盖率也从1990年之前长期徘徊的25%，攀升到2015年的62%。实现了能源效益、生态效益和社会效益同步增长。

三是改善了农业农村生产生态环境。发展农村沼气，配套开展“六改十化”，即改厨、改厕、改水、改路、改圈、改房；推动家居环境清洁化、农业生产无害化、庭院经济高效化、住宅楼房化、用水自来化、村屯道路硬化、家具现代化、燃料沼气化、电视数字化、言行文明化。实现了粪便、秸秆、有机垃圾等农村主要废弃物的无害化处理、资源化利用，使困扰新农村建设的诸多“脏乱差”环境问题得到了有效解决，清洁了田园、水源，美化了家园，提高了农民生活质量。

2. 主要做法与经验

“十三五”期间，广西壮族自治区农村能源建设面临着良好的发展机遇，在服务“美丽广西”乡村建设、助力精准扶贫和防治农业面源污染方面都大有作为，扎实推进农村能源建设，有利于打造好田园生态、村容洁净、环境优美、节能环保、绿色低碳的特色美丽乡村，有利于深入持久地推进现代生态农业发展，有利于实现“农业要强、农村要美、农民要富”的总目标。

（1）筑牢生态和扶贫发展理念。

新常态下必须牢固树立农村能源改善人居环境和服务精准扶贫理念，突出农村能源建设在促进农业生产、保护农村生态和改善农民生活的独特优势。促进农业生产，主要在绿色生态循环农业、有机无公害种植、减少自然灾害、发展规模养殖等方面；保护农村生态，主要在保护森林资源、节能减排、低碳环保、污水垃圾治理、农林废弃物资源化利用等方面；改善农民生活，主要在促进农民节本增收、与农村“五改”相结合、改善农村环境卫生条件等方面。

“十三五”期间，大力发展以农村沼气为主的多元化清洁能源，并全面对接精准扶贫，一定会成为打赢扶贫攻坚战的有力之举。同时，开展以中央预算内沼气工程建设、农村有机垃圾沼气化处理试点项目为主的沼气建设，是推进“美丽广西”乡村建设的重要抓手，在“化肥、农药减量使用”和“畜禽粪污和农作物秸秆资源化利用、综合循环再利用和无害化处理”有不可替代的重要作用，需要中央和自治区高位推进，推动形成产业化发展规模，促进农村增绿、农业增效、农民增收。

（2）构建农村生态能源多能发展格局。

采取“上中下”生态能源的立体开发方式，即“上”以太阳能、风能利用为主；“中”以沼气、生物质能、微水电、潮汐能、省柴节煤炉灶的升级换代等项目为主；“下”以地热能开发利用为主。按照因地制宜的原则，在适宜地区科学布设一个或多个农村能源项目，逐步构建以沼气为主，其他农村能源为辅的多能互补新格局，推进贫困地区、江河流域、生态脆弱区、边海防区、特色旅游区等不同区域的农村可再生能源开发和利用。

一是在人口集中村屯，以清洁人居环境、提供清洁能源为目标，建设户用沼气池或集中供气沼气工程，配套改厨、改厕、改圈，带动改水、改路、改庭院，以生态能源的特色示范效应建设生态新村；

二是在养殖业较发达的平原地区，着力发展联户和养殖小区以及中小型沼气工程，治理养殖业畜禽粪便污染，促进生态养殖发展；

三是在新农村建设较好的村屯，本着缺什么补什么的原则，以沼气能源、太阳能热水器、太阳能路灯为主要建设内容，试点先行建设生态能源新村；

四是在老、少、边、穷地区、丘陵山区和林区着力推广新技术新型沼气池和开展省柴节煤炉灶升级换代，如推广易于安装的玻璃钢沼气池、便携式组装沼气池和生物质炉，用于解决农户的用能问题，促进农村改能；

五是在农产品种植富集的村屯，以沼渣沼液综合利用为重点，开展沼肥管道化试点，鼓励引导农户、种植大户和企业施用沼肥，改良土壤，提高肥力，减少农药、化肥的施用量，推动生态循环农业和有机无公害农产品种植发展，提升农产品产量和品质，增加收入，加快富民新村建设。

（3）探索创新农村能源配套组合扶贫模式。

从广西壮族自治区各地的实际出发，针对广西壮族自治区石漠化区、种养富集区、边海防区、林区等不同区域，按照农村能源在项目、产品、服务等方面所发挥效益的“长中短”进行组合配套，探索创新农村生态能源精准扶贫模式。即“长”指光伏发电、后续服务模式、沼气终端产品销售、沼气碳汇等；“中”指大中小型沼气工程建设；“短”指太阳能利用、旧病池修复改造、新技术新池型安装和生物质炉推广等。

一是在光照、风力条件好的地区，实施短期见效的太阳能路灯、热水器、杀虫灯和小风能项目，以长期效益的光伏发电项目的收入对短期效益的项目进行维护与更新；

二是在石漠化、边境地区实施短期见效的玻璃钢、便携式组装沼气池项目，推广长期效益的“全托管”后续服务模式、用气补贴模式、合同制管理模式来提升沼气使用率；

三是在建池存量大的地区，开展短期见效的旧病池修复改造项目，开发长期效益的沼气碳减排量项目，巩固提升沼气建成果；

四是在种养富集区开展大中型沼气工程建设，以沼气工程终端产品（气、肥、电）的销售收入，维持沼气工程正常运行，长期发挥效益；

五是在林区、农产品主产区开发生物质能和推广生物质炉，以原料商业化服务模式维持项目长期运营。通过配套组合实施项目扶贫、产品扶贫、碳汇扶贫、光伏扶贫和服务扶贫等方式，在全区树立一批不同区域、不同类型、不同特点、不同发展水平且易实施、见效快、成效好、能复制、可推广的农村清洁可再生能源配套组合精准扶贫模式。

3. 问题与对策

（1）主要问题。

广西壮族自治区农村沼气建设经过多年的发展，已经到了非常关键的瓶颈期，同全国其他各省市一样存在一些突出问题亟待解决。

①国家政策调整与生态能源刚性需求的矛盾加剧：中央投入到广西壮族自治区的农村沼气项目建设中的资金逐年减少，由2008年的2.9675亿元减少至2015年的1.088亿元。2015年起，中央财政不再支持户用沼气、养殖小区和联户沼气、乡村服务网点建设，引导农村沼气建设项目向工程规模大、产气量大的大型沼气项目和规模化生物天然气项目发展。

据广西壮族自治区畜牧部门统计，农村环境污染中有60%属养殖污染，全区登记在案的生猪规模养殖场有7 925个，其中配套建设沼气池的有4 460个，有3 465个养殖场未能配套建设沼气池，处理养殖污染任务艰巨。而广西壮族自治区每年能从中央争取到的大中型沼气工程最多时有几十个，最少时仅3个，远远满足不了规模养殖场和养殖户对沼气工程的需求。加上广西壮族自治区受自然地理条件和种养殖业水平的限制，农村地区对户用沼气、养殖小区和联户沼气、乡村服务网点建设的刚性需求仍然非常旺盛。据各市上报数据统计，广西壮族自治区仍有120万户农村家庭对户用沼气池有需求，特别是目前“美丽广西”乡村建设活动和精准扶贫中大力推进以沼气为纽带的“改厨、改厕、改圈”为主要内容的文明生态小康村建设，社会对单户型和小型沼气工程等生态能源建设的需求仍不断增加，农村生态能源的供需矛盾加剧将对我区农村能源可持续发展提出挑战。

②资金问题成为制约沼气建设发展的瓶颈：沼气项目公益性强，点多面广，对中央和地方财政依赖性高。2015 年，中央预算内投资不再支持户用沼气、养殖小区和联户沼气、乡村服务网点建设，造成广西壮族自治区户用及联户沼气工程建设资金缺口巨大。由于广西壮族自治区自然地理条件和种养殖业水平的限制，社会和农户对中小型沼气项目建设仍有很大需求，而沼气项目建设以政府财政投入为主，社会资本引入较少，建设规模无法满足农村地区需求。另外，在新能源建设支持方面，中央没有将新能源建设项目规范纳入各级财政预算的政策，可再生能源建设项目没有固定的资金渠道来源。目前，作为自治区农村能源的主管部门，农村厅能争取到的国家投资项目和资金，只有沼气方面这一项，而农村地区丰富的太阳能、生物质能、风能等都没有项目支撑，严重制约广西壮族自治区农村可再生能源的开发和利用。

③“三沼”综合利用不足：广西壮族自治区农村能源在沼肥深加工综合利用上虽取得一定成效，但未能形成产业化发展、规模化效益，远远满足不了高品质农产品生产对高效有机沼肥的需求。主要原因是沼肥生产没有国家标准，沼肥加工企业没有纳入国家政策扶持范围。目前，广西壮族自治区农村户用沼气池的沼液沼渣基本上都是农户自产自用，沼肥加工企业大多都是处于小规模、低水平开发当中，生产的都是低端沼肥。大中型沼气工程在“三沼”综合利用方面，存在发展起步晚、步伐慢、利用半径小、配套不完善等问题，养殖业与种植业往往不相结合，既造成有机资源的浪费，更重要的是对环境造成二次污染。如何把沼渣、沼液充分运用到农业生产，形成沼气产业循环，是治理规模化养殖粪污、促进沼气建设、发展循环农业所面临的重大问题。

④大中型沼气工程运行困难：目前，广西壮族自治区大中型沼气工程在建设管理中存在项目申报门槛高，程序复杂，审批周期长，前期费用，多头申报，多头管理，验收不及时，项目运营可持续性差等问题，如何健全和完善大中型沼气工程的建设和管理机制，理顺和明确各部门的职责，让项目更好的运行和发挥更大的效益，是当前广西壮族自治区农村能源工作面临的重大问题。大中型沼气工程存在运行困难是一个普遍问题，据调查，广西壮族自治区的大中型沼气工程大多处于亏损运行状态，少数处于微利状况。主要原因是运行成本较高，据测算，大型沼气工程运行成本约为 869 元/天。由于沼气工程运行需要继续投入大量资金，而终端产品（气、肥、电）销售又较为困难，难以形成资金量，无法产生较高经济效益，直接影响沼气工程正常运行。

（2）意见和建议。

下一步，广西壮族自治区将立足全区各地现代农业和农村能源发展实际，以满足农民群众生产生活需求为目标，以适应农村生产生活转变为导向，拓宽发展领域，提升发展档次，探索创新农村能源建设和运管模式，焕发全区农村沼气建设的新生机，促进广西壮族自治区农业生产、农村生态、农民生活的水平提升。为推进广西壮族自治区农村能源建设，提出以下意见建议。

①建议中央增设农村能源精准扶贫建设资金：近年来，广西壮族自治区从改善农村地区生产、生活、生态环境出发，结合中央精准扶贫工作部署和农业部“美丽乡村”创建活动，在全区开展农村有机垃圾沼气化处理、农村能源综合示范等项目建设，实现了畜禽粪便、秸秆、有机垃圾等农村主要废弃物的减量化、无害化处理、资源化利用，推广普及多元可再生清洁能源，延伸沼气终端产品产业链，改善了农村人居环境，为精准扶贫和“美丽广西”乡村建设活动提供有力支撑。

建议进一步加大对广西壮族自治区农村能源建设的支持，中央财政设立农村能源精准扶贫专项投资，加大广西壮族自治区贫困地区农村光伏光能产业支持力度，推动光伏光能产业助力精准扶贫，构建农村多能互补格局。充分发挥沼气、太阳能、生物质能、风能等可再生能源和沼气终端产品（气、肥、电）在精准扶贫工作中的优势和作用，加快实现“美丽广西”乡村建设总目标。

②建议中央支持农村有机垃圾沼气化处理：从广西壮族自治区开展“美丽广西”乡村建设活动中可以看出，要改善农村人居环境，农村垃圾的处理是最根本、最关键、最紧迫的问题，实施农村有机垃圾沼气化处理项目，可以从源头上解决有机垃圾产生的恶臭气体和渗沥液对空气及土壤、地下水的污染，实现农村有机废弃物、污染物的减量化、无害化处理、资源化利用，是解决农村有机垃圾污染的最佳方式之一。

从2014年起，广西壮族自治区逐步开展农村有机垃圾沼气化处理项目试点建设，试点项目对改善农村人居环境效果非常好，同时也催生了容县、北流、恭城等一批农村沼气建设与后续服务新模式，促进了生态循环高效农业发展。建议中央财政支持农村有机垃圾沼气化处理项目，重点支持管道化集中供气（肥）工程、养殖粪污集中处理、病死畜禽无害化处理、生活有机垃圾分类处理及农村公厕沼气化改造等项目，扶持建设一批条件好、普及率高、集中度高、推广前景佳的示范项目。同时，制定优惠政策，吸引科技、知识、资本、管理等生产要素向农村有机垃圾沼气化处理项目聚集，鼓励公司、企业、社会中介组织等社会力量进入农村有机垃圾处理行业，并通过市场化运营取得稳定收入，确保沼气工程正常运行发挥实效，使农村生态能源建设更好地服务精准扶贫和改善人居环境。

③建议中央创新农村能源建设补助机制：由于农村沼气池建设单个项目规模小，且点多面广，招投标工作周期长、进度慢，常规管理模式难以适应其发展需要。建议中央创新农村能源建设管理机制，对项目采取多种补助方式。一是目前传统的项目建设前补助方式；二是试点部分项目采用“先建后补”“以奖代补”方式，即建立农村沼气建设项目库，以库立项，作为获得“先建后补”“以奖代补”资格的前提条件，制定并公开

补助标准，只要纳入项目库的项目即可开工建设，建成并经验收合格后即可兑现补助资金，避免因年度投资计划资金下达时间影响工程进度，避免资金闲置和资金挪用；三是试点“终端产品”补贴，终端产品（气、肥、电）补贴是提高沼气池使用率和充分发挥沼气“五大”效益的最有效措施，可有效激发现有户用沼气和沼气工程的使用效率，增加沼气产量和向农民供应沼气的积极性，并能对沼气集中供气工程建设起到巨大的刺激作用，带动项目的市场化运作。同时，通过沼气的纽带作用，进一步促进规模化养殖业和集约化种植业的发展。中央可按照差别补贴的原则，分别核算沼气各类公共产品补贴标准。通过政府补贴引导方式，以财政小资金投入，吸引社会资金，确保各类沼气工程稳定运行、可持续发展和良性循环。

五、陕西省

1. 发展现状

近 10 年来，在中央相关部委和省委、省政府的大力支持下，陕西省农村能源建设取得了长足进步，投资力度不断加大，项目内容逐步丰富，建设技术日趋完善，农村能源建设取得了显著的成效，对推进我省的节能减排、促进农业增产增收、改善农村生产生活环境、提高农民收入水平发挥了重要作用。

截至 2017 年底，全省保有户用沼气池 126. 81 万户，建成沼气工程 3 433处（其中小型沼气工程 2 891处，大中型沼气工程 534 处），建设万吨有机肥项目 190 处，建成乡村服务网点 5 110个，发放节柴灶 15 万台，太阳灶 27 万台，太阳能热水器 15 万台。通过农村能源建设，使全省 27%的农户，610 万农村人口用上干净清洁的可再生能源，仅 2015 年农村沼气、太阳能灶等能源利用总量折标煤量为 31. 9 万吨。

2. 主要做法与经验

（1）主要做法。

①稳步推进农村户用沼气建设：陕西省户用沼气发展经历 5 个阶段，一是探索发展阶段，二是规模发展阶段，三是迅猛发展阶段，四是稳步发展阶段，五是巩固提质阶段。2000 年以前，据统计全省建设了 15. 6 万口。2001—2005 年建设 14 万口，2006—2010 年建设 100 万口，2011—2013 年建设 6 万多口，2014 年起，中央财政未安排户用沼气池建设任务。2007 年开始建设户用沼气服务网点，至 2015 年全省建成 5 110个。

农村户用沼气的发展，为农业增产、农民增收、农村社会进步发挥了重要作用。户用沼气产生的沼肥给种植业提供了高质的有机肥，对提高粮食产量、质量，发挥巨大作用；产生的沼气解决了部分地区的农村生活用能，节省了农民的生活支出减少了对薪柴、秸秆的需求，保护了生态环境。同时，通过户用沼气建设，解决了农村畜禽粪便造成的面源污染、促进农村人居环境改善。沼气还成为种养结合的纽带，催生了“养殖业-沼气池-种植业-养殖业”等多种循环农业模式，促进了现代农业发展和发展方式转变。沼气服务网点在保证户用沼气池的正常运行及沼肥的利用上具有不可或缺的地位。

②重点推进沼气工程建设：2006 年，农业部开始推行规模化、标准化、集约化的畜禽养殖发展方式，2008 年中央投资开始建设联户及养殖小区沼气工程，2009 年开始建设大中型沼气工程。经过这些年的发展，全省建成联户及养殖小区沼气工程 2 464个，已建在建大中型沼气工程 328 座，实现规模化畜禽养殖场粪便的资源化、循环利用，减少了污染物的排放，对防治农业面源污染发挥着重大作用。

③积极推进万吨有机肥建设工程：从 2011 年起，陕西省依托大中型沼气工程，在农业产业优势突出区域，重点支持了 190 个养殖场、企业、合作社开展有机肥建设项目。现正式投入生产 112 个，已生产商品有机肥 110 万吨，销售 80 万吨。该项目的实施，推进了全省有机肥商品化生产、品牌化销售、产业化发展，有效治理了畜禽粪便和农业生产废弃物，降低了农业自身对环境产生的污染，实现了粪便的高效化利用，延长促进了种植业的健康发展。

④全面布设沼肥利用实验示范及推广：沼肥的利用效果决定着沼气工程的成效及生命力。为提高沼肥的利用率，在各市开展沼肥试验示范，摸索、总结出了一批成功经验和模式，带动了附近农户的用肥积极性，提高了沼气的利用率。泾阳县、汉滨区率先进行了沼肥配送试点，铜川市、汉中市、商洛市推广沼肥配送模式，有效提升了大中型沼气工程的建设效益。2014 年开始开展沼肥利用推广工作，要求各地结合本地特点开展配送工作，引导沼气服务网点以沼肥配送服务为中心，介入到产品销售环节，建立销售渠道，增强网点活力。2016 年全面总结优秀模式，提取成功的市场化运行经验，衔接好沼肥产和用的环节，通过农产品品质提升，体现沼肥利用价值。

⑤试点农村清洁一体化工程：在西安市临潼区等 6 个区县，试点农村沼气清洁工程。以居住相对集中的村（自然村或行政村）为单元，开展农村生产生活有机垃圾分类、处理转化和利用，建设方式为“大型沼气工程+有机肥生产线+有机肥配送+集中供气”。村里的生产、生活垃圾，全部进入沼气工程发酵，生产沼气、沼液、沼渣。沼渣、沼液加工成有机肥，通过配送体系进入田间地头或者进入市场销售。沼气用于整个村子的集中供气，解决农村灶口问题，或实行集中供热水，免费让农户洗澡，解决农村洗澡难问题。

⑥积极推进集中供气试点：为配合城镇化发展，加快新农村建设，为农户提供清洁生活用能，2014 年确定临潼、渭城等 9 个县（区）进行集中供气试点，通过开展大型沼气、养殖小区沼气工程、清洁一体化和秸秆沼气工程等不同类型多模式供气试点。目前已有 7 处试点正常供气，合计供气户数 320 户。其中渭城区养殖小区沼肥处理模式新

颖，利用农发项目安排的灌溉机井，沼液随作物浇水施入大田中，处理方式简单，效益明显。洛川县的供气管网安装合理，沼气工程有专人负责运行管理，原料来源有保障，沼液消纳容易，村民沼气使用意愿高。2015 年确定了汉中市、宝鸡市两个沼气集中供气试点，进一步总结出市场化运行模式，推进工程沼气全利用、零排放。

⑦加强农村沼气新技术推广力度：近些年，围绕现代农业发展的需求，结合农村能源的现状，始终坚持组织各市进行新技术的示范推广。在户用沼气的池型选择、秸秆混合原料发酵、沼肥还田技术等方面，积极探索、引进新技术，促进了农村沼气的健康发展。

⑧大力推广农村新能源：在退耕还林区域，积极实施巩固退耕还林农村能源建设、绿色能源县建设等项目，大力推广省柴节煤炉灶炕、太阳灶、太阳能热水器等低碳产品（技术），推进秸秆综合利用，探索低碳农业发展的新途径，促进农业农村节能减排。累计发放节柴灶 15 万台、太阳灶 27 万台、太阳能热水器 15 万台，拓展了农村能源建设范围，形成多能互补、全面发展的良好格局。

（2）主要做法。

①健全管理体系：各级农业部门高度重视农村能源工作，成立农村能源管理机构，由 1 个省级、12 个市（区）、103 个区县农村能源管理机构构建的三级管理体制已经形成。同时加强制度建设，省级出台了《陕西省农村能源建设项目管理办法》（2010 年）、《陕西省农业基本建设项目管理办法》（2012 年）等，市县也制定了配套措施。通过制度建设，规范行业的行为，保证农村能源事业健康发展。

②广泛开展宣传：在项目建设的过程中，各地围绕服务民生、促进节能减排等方面，大力宣传农村能源相关知识。各地通过媒体报道、编发简报、编印书刊、召开会议、播放碟片、发放资料、张贴挂图等形式，加大宣传力度，努力营造良好的社会氛围。

③扎实组织培训：沼气工程建设、管理需要一批技能娴熟的沼气工和懂技术、精管理的专业队伍。省市县采取多种途径、借助各种资源、运用不同方式，大力开展技术培训活动。全省累计培训沼气生产工、农村节能员等各类人员 17 万人次，鉴定沼气生产工 21 837人。

④加强监督检查：根据能源项目的不同特点及进展程度，省级每年采取专项检查、中期检查、督查、抽查等形式开展检查指导，有力促进了各项工作的顺利开展。各地大力开展督导检查。

⑤出台技术标准：强化中小型沼气工程管理，及时制订出台《农村中小型畜禽养殖场沼气工程设计规范》《农村中小型畜禽养殖场沼气工程建设规范》和《农村中小型畜禽养殖场沼气工程管理规范》3 个地方标准，结束了养殖小区沼气工程建设无标准、无

要求、无图纸的局面，成为首家出台地方标准的省份。

⑥创新服务体系：坚持因地制宜、农民自愿、服务高效、运营规范的原则，建立健全以市场化运营模式为主导，盈利性组织、公益性组织、非盈利性组织三者有机结合的沼气社会化沼气服务体系，为群众提供优质、高效、便捷的服务。赢利性组织要积极支持引导、规范；非盈利性组织要大力扶持，鼓励发展；公益性组织要不断健全规范，提高服务能力。

3. 问题与对策

（1）存在问题。

①沼气池使用率不高：

一是原料短缺。沼气的主要原料来自于畜禽粪便，尤其是生猪粪便。据调查，维持一个户用沼气池正常使用需 2~3 头猪的发酵原料，目前，随着规模化养殖场逐步增加，散养户减少，户用沼气原料不足尤为明显。

二是年轻劳力外出打工，造成沼气池闲置。近年农村外出打工人员明显增加，常住人口减少，也是造成沼气池闲置的原因之一。

三是农民生活用能呈现多元化的趋势。随着农村用电工程的不断完善，太阳能等清洁能源的大力推广，相对沼气而言，农户倾向使用电饭煲、电磁炉、太阳能热水器等替代能源，经济实惠，方便快捷，因而弃池现象上升。

四是近年来养殖业受市场的影响较大，在市场波动的冲击下，部分资金不足、规模较小的养殖场退出养殖行业，造成养殖小区沼气工程闲置。

五是集中供气工程举步维艰，因养殖点远离农村、住户，管道铺设工程投资大，极少有建设单位投入，建成的也成为一次性工程，缺乏维护费用，造成管路报废，产气空排。

②沼气综合利用程度不高：沼气池的效益 70%来自综合利用，综合利用程度的高低直接影响经济效益的发挥。在调研中了解到，虽然已引导农户开展“三沼”的综合利用，但绝大多数农户只停留在对沼气的使用上，沼液浸种、叶面喷洒、沼渣施肥等方面的知识不足，沼液、沼渣不能充分综合利用。还存在将沼液、沼渣丢弃现象，不仅浪费了优质资源，而且对环境造成了二次污染。

③技术力量薄弱：

一是持证技术人员流失严重，因户用沼气项目建设停滞，大量从业人员没有收入保障，脱离本行业，造成技术人员严重不足。养殖小区沼气项目的建设因缺乏技术指导，工程设计落后，配套利用设施欠缺，无法全面发挥建设功能。

二是部分项目缺乏沼气池运行管理方面的知识，对沼气池配套设备的自查、保养、维修能力较弱，致使沼气综合利用率低，综合效益未能充分发挥。

（2）相关建议。

①建议按照农业废弃资源特点、总量和收集半径，建立区域式的能源供应中心：

一是建立以处理畜禽粪便、生活污水为主的气肥联产中心，确立沼气高值化利用项目，对产生的沼气进行提纯压缩，为周边农户提供持续稳定的能源供应，对产生的沼肥配套运输和消纳设施，为周边产业提供优质有机肥源，在大区域形成农业循环发展。

二是建立以秸秆、果树枝条为主的热炭油气联产中心，确立秸秆综合利用项目，加快秸秆热解技术的成熟落地，合理配置秸秆收储运的关系，提高秸秆综合利用效益。

②建议加大生态循环农业发展资金扶持力度：创新农业资源利用模式，优化调整种养业结构，促进种养循环、农牧结合、农林结合，发展生态循环农业。结合区域特色，充分发挥农村沼气在清洁能源和优质肥料方面的纽带作用，在集约化养殖场和秸秆资源丰富的地区，推广“畜-沼-果（粮、菜）”等农业生态模式，发展生态循环农业。利用有机农业、绿色农业、无公害农业、节水农业、循环农业等标准化农业生产技术的推广应用，促进农业发展尽快从“主要追求产量和依赖资源消耗的粗放经营”向“数量质量效益并重、注重可持续的集约发展”转换，大力发展生态循环农业。

六、黑龙江省

1. 发展现状

随着沼气工程建设项目在全国范围内的全面开展，黑龙江省也已加入到了这个行列。

（1）户用沼气。

黑龙江省发展沼气应用技术较早，目前已应用的较为适合北方气候条件的沼气池包括圆筒形常规水压式、旋流布料式、强回流型、浮罩型、卧式、立式等结构形式，早年主要以户用为主。目前，黑龙江省户用沼气池一般采用半连续发酵工艺，这种发酵法兼顾了生产沼气、制造有机肥和农业生产集中用肥的需要，具有良好的综合效益。

2006年黑龙江沼气工程已初具规模，仅2006年一年内，黑龙江省新建户用沼气池2.7万个，到2007年末增加了户用沼气池数量为4.3万个，户用沼气池建设速度之快，离不开国家政府对沼气工程建设的支持和鼓励政策。自此，新型节约、清洁能源开始走进了黑龙江农民的家庭生活。但是由于黑龙江省地理位置的特殊性、冬季沼气产气率低，很多以前建设的沼气池都采用了砖混结构，技术质量不过关，导致2008年以前建设的沼气池超过一半数量存在问题，能挺过冬天的不多，既浪费了资源又存在安全隐患。

黑龙江省的市级户用沼气用户中哈尔滨市、绥化、齐齐哈尔市、大庆市户用沼气池均在3万户以上，双鸭山、黑河、伊春、大兴安岭地区户用沼气池数量在1万户以下，这些地区地处偏远，人口稀少，林业资源丰富，户用沼气池的推广应用较为困难。

截至 2016 年，黑龙江省沼气用户有 32. 19 万户，其中户用沼气池有 29. 88 万户，集中供气用户 2. 3085 万户。

（2）沼气工程。

近年来，由于畜牧业的快速发展，黑龙江省沼气工程得到了长足的发展，已经从以往的以户用沼气池为主发展到了因地制宜、因原料制宜的不同规模沼气工程协同发展。沼气工程原料也多样化，包括畜禽粪便、餐厨垃圾、市政污泥、农作物秸秆等均可作为发酵原料，特别是社会各界认识到秸秆焚烧给大气污染带来严重影响之后，各级政府对秸秆综合利用工作也高度重视，为秸秆沼气工程快速发展提供了难得机遇。但由于农村沼气工程大多建设在村屯，用地情况往往成为制约其建设的难题。

随着沼气工程建设标准的出台和沼气工程建设应用范围的拓宽，大中型沼气工程建设达到了快速发展阶段。截至 2016 年年底，黑龙江省的沼气工程数量累计到 1 461处，产生的沼气一部分用于发电，一部分用作天然气，供气用户有 2. 21 万户。

从秸秆综合利用情况看，其中秸秆热解气化集中供气发展缓慢，且几乎现有的秸秆气化工程全部报废，无法使用，而秸秆沼气集中供气工程发展相对较好，黑龙江省秸秆沼气集中供气工程有 6 处，在齐齐哈尔市有 1 处正在运行，供气用户涉及 1 000户。

从沼气规模上来看，黑龙江省有大型沼气工程 189 处，小型沼气工程 1 272处，尚无特大型沼气工程。其中大型沼气工程主要集中在哈尔滨市、佳木斯市、齐齐哈尔市、绥化市等地，这些地区的户用沼气用户也相对较多，可见在这些地区沼气技术的应用及普及较好。

总体来说，随着国家对废弃物的综合利用与处理技术的重视，黑龙江省沼气工程发展较好。此外，在黑龙江的望奎、青冈、富锦和拜泉等地发展应用了“三位一体”和“四位一体”生态家园能源应用模式，以及其他中、小型沼气工程，集约化养殖场等大型沼气工程等。同时为了克服冬季低温条件的限制，引入了燃池技术给沼气池进行增温，并取得一定的成效。但由于黑龙江省独特的地理、气候条件和缺乏高效的厌氧消化处理新技术，致使适用于寒地高效的生物质废弃物能源化沼气工程的开发研究未取得有效进展，尤其是针对以农作物秸秆等生物质废弃物为发酵底物的沼气生产技术的发展更为缓慢。

2. 主要做法与经验

黑龙江省紧密围绕建设社会主义新农村为中心工作，按照“因地制宜、多能互补、综合利用、讲求效益”的工作方针，以项目实施为重中之重，稳步推进项目建设，带动体系发展；以技术创新为推动力，以政策支持和示范建设为切入点。抓好模式技术。推动生态农业工程化，营造生态家园，建设生态农业，促进农村循环经济可持续发展。

（1）重视教育与宣传。

黑龙江省相关部门通过教育与宣传，让更多群众认识到沼气发展与建设的重要性，改变陈旧思想观念，以科学教育和宣传工作为引导，通过多种媒介和信息网络渠道，组织基层干部和广大农民进行宣传、教育和培训，充分认识到以沼气为纽带生态农业的重要意义，熟悉和掌握生态农业建设的基本知识，消除思想障碍。强化各级农村能源主管部门对大中型沼气工程的建设能力，开展多种形式的技术培训、职业鉴定和交流活动，进一步提高农村沼气建设队伍的人员素质。

（2）因地制宜，合理运用不同建设模式发展农村沼气事业。

黑龙江省各地根据本地区的气候条件、资源状况、农业生产特点、农民生活方式，科学规划、合理布局，确定本地区农村沼气建设重点，探索建立主体、例如“四位一体”“猪、沼、果”“五配套”等几种农村沼气发展模式进行建设户用沼气、养殖小区和联户沼气等小型沼气工程、大中型沼气工程。

（3）专项资金的管控。

中央补助资金和地方配套资金按照批复的建设内容、建设规模和范围专款专用。黑龙江省各级政府建立健全农村沼气资金使用管理规章制度，杜绝截留、转移、侵占和挪用农村沼气建设资金。

（4）重视科技创新。

黑龙江省鼓励科研单位和生产企业开展技术创新，重点研究沼气快速生产技术、沼气配套设备节能技术、沼气安全生产技术、沼渣沼液综合利用技术、沼气发电及上网技术、脱硫技术等，把利用农作物秸秆进行生物气化生产沼气进行集中联户供气的应用研究、适合高寒地区的沼气快速发酵、保温增温及高效利用技术、能源作物选育、生物质多功能采暖技术等作为攻关项目予以支持，并加大大中型沼气工程新工艺和新材料的推广应用。省各级农村能源主管部门强化大中型沼气工程的能力建设，开展多种形式的技术培训、职业鉴定和交流活动，进一步提高农村沼气建设队伍的人员素质和技术水平。

3. 问题与对策

（1）存在问题。

黑龙江省在沼气大规模推广应用中遇到了一些障碍，总结有以下几个关键问题：

一是原料收集运输成本高。沼气厂在运行过程中需要充足的原料供给，当沼气厂建成后，起初无成本的畜禽粪污、秸秆等废弃原料在沼气厂运行过程中会随意涨价，从无成本变成高成本。以秸秆为例，秸秆在农田收获后被当作废弃物在田间地头随意堆放、肆意焚烧，当沼气厂需要秸秆时，农民看到原本被废弃的秸秆可以被用时就会当商品进行出售，变相增加成本，加之秸秆在运输过程中涉及运输半径问题，运输半径过长也会增加成本；而畜禽粪污的产生是伴随着养殖场的建设产生的，养殖场运行不景气，就会使畜禽粪污量减少，导致沼气厂原料供给不足。这些问题都是沼气工程在实际运行过程中出现的极为难以控制的环节，是阻碍黑龙江省沼气产业发展的影响因素之一。

二是低温环境沼气产率低。与南方省份不同，黑龙江省处于高纬度寒冷地带，气温较低，我国现有的在南方省份得以推广应用的沼气发酵技术并不能保证黑龙江省沼气工程在冬季持续稳定运行，缺乏低温环境厌氧发酵强化、热能优化分配、发酵系统低温可靠运行和沼气工程精准控制等技术，导致有机废弃物分解率低，沼气的产气率低，使大多数现有沼气工程冬季不能正常产气，沼气工程失去了发酵、降解、治污的重要功能。

三是沼气工程运营模式粗犷。黑龙江省现有的沼气工程主要针对的是单一原料，如以猪粪为原料的沼气工程，其原料只能是猪粪，不能加秸秆原料，发酵原料单一会造成沼气厂极易受原料市场波动的影响，造成原料短缺；沼气没有进行高值化利用，沼液沼渣没有进行深加工，被市场淘汰，难以发挥出其经济价值，造成二次污染；沼气工程运行主体承担市场风险能力小；工程运行人员管理人员素质参差不齐，造成运行成本高。

以上情况的出现在一定程度上限制了黑龙江省寒地沼气循环经济的发展，使其远落后于南方省份。只有探索研发出适合寒地沼气发酵的新技术并设计一种基于市场需求的产品供给模式，才能保证黑龙江省沼气产业的良好发展，才能有效促进黑龙江省生态农业、生态环境的发展，才能实现黑龙江省沼气的产业化发展。

同时，还存在着很多矛盾和问题。

①发酵温度条件的制约：黑龙江省农村户用沼气的应用多采用自然温度发酵，致使厌氧发酵过程中产沼气微生物菌群活性显著降低，有机物降解更为困难，导致很低的产气率，甚至发酵终止停止产气。

由于受环境温度影响很大，一些地区的沼气池冬季池容产气率还不到 0.1 m^3/d，原料降解率小于 30%，且沼气池难以越冬，经常造成次年池体漏气，即使利用燃池技术给池体进行加温并采取相应的保温措施，其池容产气率也仅能达 0.3~0.4 m^3/d，相比中、高温发酵产气率相差极大，严重挫伤了农民使用沼气能源的积极性，极大地限制了黑龙江省沼气能源的应用推广，远落后于南方各省份。

②发酵工艺及发酵技术落后：黑龙江省自发展沼气应用，一直立足于农村户用型沼气的推广，基本采用的都是自然温度混合批次发酵工艺或半连续发酵工艺，未对整个发酵过程进行工艺的优化和种群的调控。因此，不能对厌氧发酵过程中一些关键环节进行必要的监管和调控，无法调节整个工艺体系的运行参数，提供给产甲烷菌群适合的生长代谢环境，最终导致菌群代谢失衡，活性降低，产气率也就随之降低。此外，对于高效厌氧消化装置的研究也仅局限于实验室，如影响常温、中温厌氧发酵产沼气的影响因素及各种发酵工艺的研究，包括单相搅拌混合发酵工艺、两相发酵工艺的研究。

此外，对于以纤维素和木质素为主要成分秸秆类物质发酵产沼气的技术研究更是进展缓慢。由于缺乏高效的秸秆资源化技术，农村大量的秸秆资源基本被用于直接燃烧来解决吃饭、取暖的“两把火”问题，利用的热效率仅有10%~30%，并且严重污染环境，如转化为沼气能源燃烧利用有效热值可提高到64%。现有的一些关于厌氧消化秸秆类底物产沼气的研究主要停留在各秸秆类生物质预处理方式上，以达到缩短厌氧发酵过程的水解、酸化时间，包括物理、化学和生物法等。但还未针对秆类物质为底物的高效厌氧消化工艺进行深入研究及低温高效秸秆类底物降解菌群选育及开发，这些正是制约黑龙江省秸秆类生物质沼气能源化利用的主要原因。

③认识不足：在一些基层单位还确实存在着干部对农村沼气建设重视不足、积极性不高、宣传力度不够等问题，这些都很大程度上制约了农村沼气的发展与建设。还有很多农民对沼气的理解还局限于“炊事、沼气灯”等直接用处，没有深刻认识到农村沼气建设是农村经济社会持续发展的重要物质基础，是关系农民生产、生活的大事。农村沼气建设对调整农村产业结构，增加农民收入，改善农村生态环境，提高农民生活质量，缩小城乡差别，全面推进小康社会建设，实现农业和农村经济可持续发展具有重要的意义。

④优惠政策扶持不足：农村户用沼气具有资源分散、规模小、生产不连续等特点，特别是在高寒地区建设成本较高。在现行市场条件下缺乏竞争力，没有政策扶持。难以形成可持续发展能力。现农村沼气项目只有中央补贴资金。地方政府配套资金很少或没有。投融资渠道较为单一，没有形成支持农村清洁能源持续发展的政策体系。

⑤利用率偏低：受高寒地区冷冻气候条件和市场经济影响农村养殖户不稳定、原料不足以及煤炭价格降低等因素影响，农村沼气这一重要的清洁能源生产和利用率偏低，产业体系薄弱，从事农村沼气生产经营企业各地区发展不均，市场体系发展不健全。受运行成本过高等因素影响，部分项目难以为继。同时，人才培养、科技研发不能满足发展需求。我国南北温差很大，关键技术装备尚待突破，没有形成支撑农村能源发展的产业体系。

⑥劳动力转移影响沼气发展：近年来黑龙江省出现大量的农村青壮年劳动力向城市转移的现象，多数自然村庄仅剩少数留守老人及儿童，剩余劳动力不足，导致推进沼气建设所需要的人力和物力都随之减少，留守老人和儿童对于这一技术的掌握和运行管理力不从心，影响了沼气发展与建设的进一步推广。

（2）意见和建议。

①从政策、法规等方面明确黑龙江省以沼气为主导的生物能源发展战略：从国家制定的可再生能源发展规划来看，沼气替代化石能源的比重较生物能源其他利用形式都大，可见，从能源替代的角度来看，沼气已经在担当我国生物能源“排头兵”的作用。而黑龙江省作为养殖业和农业大省，可用作沼气发酵的原料资源巨大，沼气的开发潜力

也十分巨大，加之沼气具有很强的减少环境污染和温室气体排放的作用，就更应促进黑龙江省沼气的产业化发展，加快实施普通沼气到高品质生物燃气的进程。因此，在黑龙江省的政策、法规及相关能源规划中明确黑龙江省以沼气为主导的生物能源发展战略是非常必要的，有利于大众加深对这一产业的认识，提高大众对高品质沼气的认可度。

②因地制宜，强调沼气产业化的差异化道路选择：黑龙江省的生物质资源种类各异，地区分布差异较大。生物质资源量将对产业发展有关键性的作用，因此在发展沼气，尤其是发展高品质沼气时必须要注意因地制宜。在畜禽粪便资源、秸秆资源以及工业有机废弃物资源等丰富的地方，可以根据资源量建立不同规模大小的沼气工程进行产业沼气的开发。因地制宜发展以生物天然气为主、以沼肥利用为主、以农业农村废弃物处理为主、以用气为主等多种形式和特点的沼气模式，鼓励各地发展沼气沼肥产品多元化利用模式，推动黑龙江省沼气产业发展。

③从资金、技术等方面切实保障和促进沼气作为商品进入市场：沼气的商品化是黑龙江省沼气产业化发展的关键。只有沼气切切实实以商品形态出现在市场，作为商品进行交易才是产业化的开始。沼气作为商品进入市场需要多方保障和多部门的配合。这其中涉及到政策保障、资金保障、人员保障及技术保障等，也需要农、林、牧、环保、工商、财政等多部门的配合。所以需要政府出台颁布有力于黑龙江省沼气产业发展的相关法律法规，加强对从事沼气产业技术研发、产业运营等科研机构和企业给予资金、政策倾斜，对沼气行业的学科发展、人才梯队建设、重点实验室设立、基础设施建设等方面给予资金投入，鼓励打造高水准研发队伍和平台，为体系发展提供人才、技术和基础设施保障。

④积极开展碳交易，培育减排市场：沼气工程若通过 CDM 机制出售减排的温室气体可以很大程度的促进企业的经济效益。黑龙江省应积极利用当前的形势引导和开展碳减排和碳交易，为企业创造额外的经济效益是非常必要的。当然，CDM 也具有注册、融资、价格和付款等方面的风险，政府在这个过程中既要促发展，也要提醒各沼气企业规避风险。强制减排和碳交易市场配需势在必行。

七、河北省

1. 发展现状

截至 2017 年年底，全省发展户用沼气 233.46 万户，建成农村沼气物业服务网点 6 302处。各类沼气工程 2 887处，总池容 70.5 万 m^3。2008—2015 年国家立项建设 393 处，沼气主要用于为农户供气或企业自用、发电等，沼渣、沼液用作有机肥，有助于提高农民生产生活质量，促进美丽乡村和现代农业建设。

基本形成了 6 种工程模式：

一是“一站一村”模式。青县耿官屯以村为单元建站，供农户生活用气。村民既可交费用气，也可以秸秆换气。

二是“一站多村”模式。滦县研山新村由9个行政村合并组成，建成河北省首家企业为投资和运营主体的秸秆沼气站，可为6 000多户居民及乡镇、学校等单位供气。

三是“三站合一”模式。山海关区北五村在建设沼气站的同时，建设固体有机垃圾处理站和生活污水沼气净化站，实现秸秆、粪便和有机垃圾、污水的无害化处理和回收利用，促进了乡村旅游和大樱桃生产。

四是“一场一站一园一村”模式。滦县宝福现代农牧有限公司以沼气工程为纽带，规模化养殖场与蔬菜产业示范园有机结合，为农户提供生活炊事用能，沼肥用于设施蔬菜生产。

五是并网发电模式。衡水市安平县河北京安生物质能源科技有限公司“年出栏20万头猪场粪污综合治理2兆瓦沼气发电工程项目”，年可发电1 512万千瓦时，2015年3月实现并网发电，并已实现商业赢利。

六是生物天然气模式。2015年，故城县福隆养殖有限公司和三河天龙新型建材有限公司规模化生物天然气工程作为国家试点项目，开展原料收集、工程运行管理、终端产品（沼气、沼渣、沼液）销售利用为一体的全产业链运营。达产后，年可产生物天然气1 200万 m^3，主要用于企业自用、车用燃气、并入城镇天然气管网。

2. 主要做法与经验

（1）充分发挥沼气的作用。

河北省新能源管理机构，诞生于1979年，原名称为“河北省革命委员会沼气领导小组办公室”，当时主要目的是解决能源紧缺问题，尤其是广大农村地区电网改造、加油站建设等基础设施不足情况下的“三农”用能问题。随着我国改革开放和社会经济飞速发展，能源紧缺问题已基本解决，广大农村地区的能源供给基础设施建设明显改善，提供清洁能源不再是唯一或主要目的。

此外，农村能源发展与结构优化的过程，是农业和农村现代化建设的重要组成部分，因此对农村能源发展的要求更高了，能够发挥的作用也更大了。发展农村能源主要有以下3方面作用：一是为农村地区提供清洁的可再生能源，促进“三农”用能现代化；二是解决农业和农村的面源污染（尤其是农作物秸秆、畜禽粪污、农村有机垃圾）、农村大气污染问题，促进生态循环农业、美丽乡村建设；三是改善农民生活品质、让农民共享发展成果。

（2）加强沼气工程建设。

①积极发展规模化沼气工程：坚持因地制宜、发酵原料多元化、多种模式发展，引导各种社会力量参与工程的建设和运营，推广沼气、沼渣沼液全产业链综合高效利用模

式，提升综合效益。探索专业化沼气发展模式，鼓励通过向农户供气、养殖场自用、发电上网、提纯压缩等多种方式开展沼气多元化利用。支持建设沼肥储存、加工、浓缩、运输设施设备，拓展利用渠道，提高附加值。

②加强科技创新：充分利用河北省农村新能源发展专家咨询委员会作用，支持优势科研、教学单位和设备企业开展技术创新；因地制宜，分类创新沼气工程模式示范建设，规范建设内容；推进新技术、新工艺，促进标准化建设和安全运行。

③试点示范以“沼气循环”为纽带的“1233”模式：2016 年利用省级资金 4 000万元，在 10 个县开展试点建设。一沼：优先利用一处沼气现有工程；双联：左联种植业、右联畜牧业；三改善：改善农牧业生产环境、改善农民生活环境、改善农村生态环境；三促进：促进沼肥开发利用、促进一二三产融合与农业园区建设、促进高端农产品生产，实现沼气、沼渣、沼液的全价值链开发与循环利用。

3. 问题与对策

（1）主要问题及原因分析。

①户用沼气出现了农户需求逐年减少、使用率下降的问题：目前，户用沼气使用率没有确切的统计数据，据调查在 30%左右，其中工作开展扎实、沼气物业服务较好的县可达 50%以上，部分用户主要用于处理粪便污水，不再以生产沼气为目的。主要原因：畜禽养殖业由农户庭院散养转向规模化集中养殖，导致户用沼气池发酵原料短缺；农村城镇化步伐加快，常住人口大量减少，农村“空心化”，空巢老人、留守儿童无能力维护，造成部分户用沼气池闲置；部分村庄集并建社区，住宅由平房改为楼房，不再适合建设和使用户用沼气池；农村沼气服务业发展滞后且艰难、从业人员收入低，流失严重；液化气、电磁炉等在农村地区得到广泛使用，与使用户用沼气池相比，操作方便，不用日常管理，农民能抽出更多时间外出务工。

②沼气工程盈利能力较差：沼肥市场还未成熟，沼渣沼液以自产自用为主，尚未形成有机肥产、供、销产业链条，利用方式简单粗放，利用规模较小，综合效益不高。沼气以直接使用为主，没有进行高值转化，收益不高。总的看，目前最大的问题就是产业链条不完整，直接影响了工程的效益。

③技术装备水平有待提高：与德国等先进国家相比，河北省沼气工程主体发酵罐多为 1 000m^3 以下，规模普遍较小，自动化水平低，单位池容产气率低，可靠性较差。

④秸秆原料收储运体系仍不完善：秸秆面广量大，季节性强，全量收储困难且成本高，秸秆收储运体系的市场化运作机制仍不完善。市场主体数量少、实力弱，成为制约秸秆综合利用的关键环节。目前各级缺乏秸秆收储运环节的补贴政策，制约了收储运体系建设。

⑤沼气物业服务网点缺少造血机制、缺乏活力：沼气物业服务网点公益性强，利润

微薄，随着当前沼气池建设数量的减少，单靠沼气后续服务收费不能维持人员工资。服务网点分布比较分散、难以形成规模效应，各网点各自为战，服务能力和服务态度参差不齐。

（2）有关建议。

①试行先建后补和增加使用环节补贴：建议试行沼气工程先建后补，要求各建设单位严格执行国家有关规定，自筹资金先期开展工程建设。建成并通过验收后，根据建设规模和地区补助标准，落实中央补助资金。与太阳能、风力等单纯发电相比，沼气发电还具有治理农业面源污染、均衡提供清洁能源、带动社会就业、促进农民增收的多重作用，更应得到国家扶持。建议参照光伏发电电价，对沼气发电实行全额保障性收购，加快沼气发电推广应用。在沼气工程使用环节按照生产公共产品数量给予补贴，如用户（商业、工业、居民）每使用 $1m^3$ 沼气，国家补助 0.8 元，用户（商业、工业、居民）每使用 $1m^3$ 生物天然气，国家补助 1.5 元，为沼气行业创造良好环境，进一步提高建设单位和第三方投资积极性。

②试点示范沼气工程第三方运营服务模式：依托现有沼气工程，与业主签订托管运营服务协议，第三方公司负责沼气工程运营、维护和管理，采用智能化监控系统，对工程运行状态进行实时监控和在线检测，实现可视化操控。对沼气、沼渣沼液进行综合利用：部分沼气供业主免费使用，其余部分经压缩后采用瓶组式罐车或撬车运输到周边工业或乡镇公共机构，用于供热、供气等；沼液通过精分离后进行灌装作为高端液态肥料对外销售，剩余部分浇灌周边温室大棚、果园等；沼渣用于加工商品有机肥。

③因地制宜推进太阳能入户示范工程：建议农业农村部安排专项资金，示范推广集太阳能集热器（可增选电加热功能）、热（冷）储水箱、洗浴间、照明、浴霸、喷淋、排风、上下水于一体的装配式太阳能洗浴房，解决农户全年洗浴问题；示范推广太阳能互补式采暖房，通过屋顶铺设太阳能集热器，配套安装蓄热水箱、地暖盘管、温控器、循环泵、辅助热源（包括采暖炉、热泵、电等），增加房屋外墙保温、门窗保温（中空玻璃）等，解决农户冬季取暖问题；因地制宜做好太阳能光农一体、光牧一体工程试点示范工作。

八、湖南省

1. 发展现状

2003 年以来，湖南省农村能源建设在中央沼气专项大力支持下，努力推进以沼气为重点的农村能源建设，基本构建了“一主三辅”的农村可再生能源开发利用新格局，2014 年，湖南省农村可再能源建设进入了全国先进行列，沼气规模达到了全国第五位，呈现出清洁低碳走进农家、有机生态走进农业、绿色环保走进农村的可喜局面。

2003—2014 年，中央共安排湖南省农村沼气建设专项资金 221 250.276万元，其中户用沼气 1 229 479户 129 271.7万元，小区联户沼气工程 15 946处供气 132 485户 26 087.276万元，乡村服务网点6 752处20 821.3万元，大中型沼气工程376 处45 112万元，投入比例分别为58.43%、11.79%、9.4%、20.39%。

“十二五”期间（2011—2014 年），中央沼气建设专项资金 80 485万元，其中户用沼气157 500户 28 092万元，小区联户沼气工程 10 925处供气 85 947户 18 996.5万元，乡村服务网点 2 231处 8 744.5万元，大中型沼气工程 200 处 24 652万元，投入比例分别为34.90%、23.60%、10.86%、30.63%。

2014 年，沼气建设的投资结构进一步调整，中央投入 18 361万元，其中户用沼气、小区联户沼气工程、乡村服务网点和大中型沼气工程投入比例分别为 19.5%、27.83%、5.62%、47.61%。

截至 2017 年底，全省累计建设户用沼气池 383.13 万户，各类沼气工程 6 100处、生活污水净化沼气池 2 058处，农村清洁能源用户达到 620 万户，薪柴、煤炭在农村生活用能比例下降到 53.8%；各类沼气工程年产沼气 9.2 亿 m^3，相当于每年节约标煤 66 万吨、减排 $CO_2$170 多万吨、封山育林 800 余万亩，每年可为全省农民节支增收逾 20 亿元，3 000万以上农村居民从中受益，农村面源污染净化取得显著成效，经济、社会、生态效益逐步彰显，农村能源建设已经成为绿色湖南建设、“两型”技术推广等重大工作的重要组成部分。

2. 主要做法与经验

（1）政策创设。

自中央设立农村沼气专项支持全国农村沼气建设以来，湖南省紧跟中央步伐，2004 年，省政府将农村沼气建设列为为民办实事任务，一直延续到 2013 年。2006 年 3 月，《湖南省农村可再生能源条例》正式实行，明确提出“县级以上人民政府及其有关部门应当结合农业结构调整建设沼气利用工程，发展沼气生态农业”；2011 年，发布《湖南省养殖场大中型沼气工程项目管理办法》；2015 年 5 月，湖南省人民政府办公厅颁布《关于加强全省农村能源建设的实施意见》，要求“充分发挥沼气工程在农业生态建设中的重要作用，大力支持规模养殖户、养殖合作社和养殖企业建设沼气工程。推进以沼气为纽带的生态农业建设模式，促进种植业与养殖业、农业与旅游业有机结合。”

（2）创建创新。

2014 年，湖南省各级农村能源部门集中力量狠抓示范工程的创建，在发电并网、集中供气、沼液开发、沼气提纯等 4 个方面迈出了全新的步伐。继 2013 年郴州万盛山等项目之后，又有邵东精华、新宁达祥等一批项目成功并网；集中供气新增了会同大康、临武顺康、耒阳丰盛、祁阳民康等 10 来个项目；岳阳枫树湾除给千户供气外，还在沼液开发利用方面一马当先，根据不同农作物的需求制作了“营养快线”；湘村黑猪、茶陵金沙采用新的技术工艺，在沼气提纯应用领域引领全省。湘乡市在利用户用沼气方面大胆改革创新，开展后续服务“三位一体”提升行动，积极破解户用沼气原料不足，养殖场原料富裕的矛盾，大力提高农村可再生能源使用效益。他们在实施物业化管理的基础上，从2013年开始，采取“财政补贴+农户自筹+技术员服务”的后续服务管理模式，开展户用沼气原料配送服务工作，每年市财政每户补贴200元，农户自筹200元，村级服务网点技术员负责每月分两次向用户提供200kg优质干清粪料和日常维修管理工作。

目前，全市8个乡镇办事处45个行政项目村3 020户缺少原料用户正常使用了沼气，沼气使用率从62. 8%提高到96%，老百姓切切实实得到了花小钱用“舒心气”的实惠，同时也解决了养殖场源头污染的问题。这些示范项目转变了农村沼气发展方式，提升了沼气工程综合利用水平，拓展了农村能源开发领域，在2014年底的全省农村能源工作会议上得到了省委、省政府的表扬认可。

（3）服务网点建设。

2012年开始，湖南省大力推广了“三联两解一提升”建设模式。即：以农村沼气服务网点为纽带，把“养殖大户大场—沼气用户—大型产业园”三者有效联结，破解“粪便过剩和原料不足”两大难题，通过“三联”促“两解”，实现沼气用户、粪污治理、产业发展、节能减排、环境保护、生态建设多赢。

3. 问题与对策

（1）存在的主要问题。

①项目总量与建设需求差距大：2014年，全省现有年出栏生猪3 000头以上的大型养殖场1 685处，已得到中央补助资金建设的工程376处，仅为22. 31%。

②自筹资金难，配套设施不到位：业主自筹和省市配套资金到位难，仅依靠中央投资只能建完主体工程，难以按项目设计要求建好集中供气、发电并网、有机肥加工和沼渣沼液开发等配套工程。

③管理水平低，效益发挥不理想：部分大型沼气工程建成后没有配备专人管理，导致运营出现困难，个别项目甚至停产。

④服务体系缺乏必要的经费支持：服务网点普遍自身“造血”功能不足，在当前的农村实际环境中，完全采取市场运作、自主经营、自负盈亏的有偿服务方式，服务收入难以维持网点正常运转，导致服务功能弱化，进而影响各种沼气工程和户用沼气池的正常使用。

⑤小型沼气工程（小区和联户沼气工程）和户用沼气取消后遗留问题多：2015年以前中央对小型沼气工程的补贴方式是按实际供气户数结算，每户为1 920元（西部

2 400元），当时也出现沼气池容积较大而供气户较少，建池业主自筹压力大的问题。2016年，国家实施沼气工程转型升级以后，取消了户用沼气和小区和联户沼气工程的补贴，2015年上半年建设的小型沼气工程和户用沼气很多尚未进行补贴，普遍造成县级农村能源部门欠债，加大了基层农村能源工作的难度，打击了基层沼气工程建设的热情。由于政策突然转变，很多朝气技术员拿不到工资，有的提出要到农业部上访。同时，加深了小型沼气工程供气和治污难度，加剧了农村大气污染和农村面源。

（2）意见与建议。

从当前湖南省农村沼气建设的现状来看，我们认为既要结合中央政策和湖南省实际做出相应调整，又要保持政策的连续性。建议从中央层面鼓励和推广实施。

①建立集中供气部分补贴机制：将集中供气与美丽乡村建设、农村环境综合整治结合起来；建立集中供气部分补贴机制，主要补贴沼气工程提质改造、农村居民集中供气管网建设、农村居民集中供气站运营经费补贴以及农村居民集中供气建设工作奖励等。

②安排服务体系专项经费：通过“以奖代投”的形式，扶持服务工作开展好、沼气使用率高、“三沼”综合利用效果明显、群众满意的服务网点做大做强。通过组建服务合作社或协会，以“政府买服务”的形式，促使服务体系与沼气农户签订“托管”协议，实行物业化管理，提高农户沼气使用率和“三沼”利用水平。

③结合各地实际，合理实施小型沼气工程（小区联户）补贴：湖南省是生猪养殖大省，近年来，养殖场逐步向规模化迈进，但从全省养殖市场来看，2015年底，500头以下规模的养殖场的出栏量依然占全省总出栏量的56%，小型沼气工程对全省农业面源污染治理仍然发挥着不可替代的作用。建议国家加大实施小型沼气工程（小区联户）补贴力度，打造生物天然气、大中型沼气工程和小型沼气工程相互配套、相互协调的全方位建设局面。不再提小区联户沼气工程名称，统一按农业部沼气工程标准，建设特大、大型、中型、小型沼气工程和户用沼气池。建议农业部制订中小型沼气工程补贴标准，纳入财政支农补贴项目，由农村能源部门核定上报，简化补贴申报手续，按池容补贴，不按供气户数补贴。

④实行物业化改革，保证现有大型沼气工程正常运行：鼓励各地管理创新，组建一批专业化的公司或机构对大型沼气工程实行托管，对“三沼”实行精深开发利用，推行物业化管理，用市场机制带动后续服务发展，确保大型沼气工程正常运行，充分发挥其综合效益。如，湖南省桃源县在后续管理方面，实行“政府引导、能源办监管、社会化服务、市场化运作”的模式，组建区域中心服务站、乡村服务网点，由服务站与各大型沼气工程项目业主签订后期管理协议，实行项目托管，自负盈亏，户用沼气农户实行自愿原则，签订后期服务合同，开展有偿服务。这一模式的拓展，既保证了技术员队伍的稳定，又确保了项目的正常运转，实现了双赢的局面，为大型沼气工程建设探索了一

条行之有效的管理模式，创新了工作思路。

参考文献

毕冬生．2017. 农村沼气池养护与越冬管理［J］. 农民致富之友（5）：207.

曹飞扬，唐汉，张雅昕．2012. 黑龙江省农村沼气使用的绩效评价与战略选择［J］. 中国农业信息（上半月）（1）.

葛勇．2017. 农村沼气发展中的问题和解决办法［J］. 农民致富之友（13）：217.

黑龙江省环境信息与监控中心．2017. 2016 年度黑龙江省环境统计年报［M］. 哈尔滨：哈尔滨地图出版社.

李慧，李翠霞，刘海礁．2014. 农村户用沼气池使用效率研究——以黑龙江省 6 市调研为例［J］. 中国农学通报，30（20）：214-218.

聂振江．2010. 黑龙江省沼气池冬季池温低解决方法初探［J］. 今日科苑（2）：64.

聂振江．2015. 黑龙江省农村沼气工艺技术发展现状探析［J］. 山西农经（1）：124-125.

濮洪滨．2017. 大力发展农村沼气　加快农村能源建设［J］. 现代农业研究（6）.

石祖梁，李想，王飞，等．3017. 我国东北地区农村生活能源消费结构与变化趋势分析［J］. 中国农业资源与区划，38（8）：122-127.

王钢，刘伟，高德玉，等．2008. 黑龙江省沼气工程发展现状［J］. 应用能源技术（6）：1-2.

王继世．2017. 对东北地区沼气池增温的问题及对策研究［J］. 农民致富之友（21）：147.

王文，栾明奕．2016. 关于农村沼气发展建设问题与对策的探讨［J］. 新农村（黑龙江）（8）：39.

王莹，夏盼盼，费佐兰．2012. 黑龙江省鸡西市沼气建设的理论与实践问题探究［J］.中国集体经济（12）：181-182.

赵光，马放，魏利．2009. 黑龙江省生物质废弃物厌氧消化产沼气技术现状及发展趋势［J］. 生物产业技术（S1）：37-40.

中华人民共和国住房和城乡建设部．2015. GB/T 51063—2014. 大中型沼气工程技术规范［S］. 北京：中国建筑工业出版社.

第四章　国外发展现状

第一节　户用沼气

一、发展中国家沼气发展背景

农业是发展中国家经济结构的重要组成部分。以精耕细作、分散养殖为特点的传统农业普遍存在于亚洲、非洲、大洋洲、美洲的发展中国家。在亚洲，农村和农业发展过程中面临的环境污染、能源短缺、生态破坏等问题，不仅困扰了农村人口，也对整个国民经济发展造成了负担。在非洲，随着乡村扩张，“城市村庄”逐渐形成，城乡区别变小，农村的生活方式仍然在城镇中普遍存在。非洲人口的60%居住在缺乏电力和燃气供应的农村地区，而大多数城市居民也缺乏电力供应。撒哈拉以南的非洲仅 1.32 亿人口能获得煤油、液化气和电力等现代能源，超过 6 亿人仍依赖薪柴等生物质燃料做饭，每年约有 60 万妇女和儿童因室内空气污染死亡。人口持续增长导致本来就十分严峻的能源贫困日趋严重。同时，非洲城市固体垃圾通过填埋处理仅占 69%，农村的固体垃圾尚未得到有效处理，环境污染、生态破坏等问题日益严重。非洲人民需要能负担得起、运行可靠、环境友好和高质能源。

户用沼气池能为发展中国家带来环境、经济、卫生和社会效益。从环境角度看，户用沼气池把农业废弃物分解产生的甲烷收集起来加以利用，减少温室气体排放，有利于缓解环境污染和气候变化危机；从经济效益看，一座日产气量为 $1\sim1.5m^3$ 的农村户用沼气池可为一个五口之家提供沼气，用于做饭和照明，生产沼渣可取代农药、化肥，减少对石化能源的依赖性和消费，提高土壤肥力，生产绿色蔬果增收；从卫生效益看，沼气池处理动物粪便的过程中，能去除寄生虫卵和有害病原菌，减少动物疫病的传播，改善农村生产生活卫生条件；从社会效益看，沼气作为清洁燃料替代薪柴和煤炭，能减少厨房烟尘排放，改善圈舍和厕所条件，从而提高生活质量，改善妇女和儿童的健康状况，为妇女创造其他活动的时间，沼气行业发展为劳动力创造就业机会。

沼气技术由于其自身的多种优点，已在多个发展中国家得以试点和推广。虽然亚洲和非洲地区有适合厌氧发酵的气候，生物质资源丰富，沼气潜力巨大，但沼气发展还普遍处于起步时期，户用沼气技术相比其他类型的沼气技术更为普及。

二、发展中国家沼气发展模式

发展中国家的沼气推广，有外部干预和本土开发两种模式。

1. 外部干预模式

在外部干预的驱动下，沼气发展始于国际援助，成于政府支持，兴于市场拓展。国际组织、基金会和非政府机构在沼气技术的推广发展中发挥了重要作用。沼气技术被引入某个国家，通常是以国际组织或非政府机构在某基金会的资助下，为该国政府提供资金和技术援助的形式实现。在项目初期，受援国政府一般会在国际组织和非政府机构支持下，从示范项目开始，开展可行性调研，然后再通过知识普及、技术培训、优惠政策鼓励、专门机构设置等方式逐步推广。

参与其中的国际组织有联合国粮食与农业组织、联合国开发计划署、联合国工业发展组织、联合国南南合作办公室等，非政府组织有荷兰发展组织（SNV）、德国国际援助机构（GTZ）等，资金支持方有全球环境基金（GEF）、世界银行、亚洲开发银行、比尔盖茨基金会、国际碳基金（PCF）、清洁发展基金（CDM）、国际农发基金、佩罗基金（PGTF）等。

值得一提的是，中国作为新兴经济体，随着本国经济实力上升和沼气技术的发展，从沼气技术的受援国转变为提供技术和资金的援助国，还以三方合作的方式与参与了国际组织、发达国家的援助项目。例如，中国农业农村部沼气科学研究所从 20 世纪 80 年代开始，面向其他发展中国家实施国际组织、中国政府支持下的对外培训和示范工程（表 4-1）。中国开发的固定拱盖式沼气池不仅让中国的广大农户得到了实惠，还在中国政府、国际组织、国外非政府机构等第三方机构的支持下，惠及其他发展中国家，成为外部干预式发展的组成部分，为发展中国家提供了能力建设和知识分享的平台。

表 4-1　农业农村部沼气科学研究所实施的户用沼气项目

国别	时间	资助方	培训学员数	示范工程数
莱索托	1984—1985	联合国粮食与农业组织（FAO）	100	5
贝宁	1986—1987	联合国开发计划署（UNDP）	100	10
埃塞俄比亚	1994—1995	联合国粮食与农业组织（FAO）	30	4

（续表）

国别	时间	资助方	培训学员数	示范工程数
古巴	1998—1999	中国商务部	50	30
卢旺达	2004—2008	中国商务部	80	1
几内亚比绍	2005—2006	中国商务部	40	3
朝鲜	2010—2012	亚太经社会（UN-ESCAP）	10	
印度	2015	泛喜马拉雅基层发展基金会	15	275
菲律宾	2015—2018	联合国开发计划署（UNDP）	26	5
柬埔寨	2018	联合国工业发展组织（UNIDO）	50	
萨摩亚	2018	联合国开发计划署（UNDP）、联合国南南合作办公室（UNOSSC）	22	21

由非政府组织开展的户用沼气发展项目中，荷兰发展组织（SNV）实施的“国家沼气项目”、亚洲开发银行发起的“全能源”（E4ALL）伙伴关系、德国国际机构（GTZ）开展的沼气推广计划，在发展中国家具有广泛的影响力。

自 1989 年至今，荷兰发展组织（SNV）基于市场需求，在亚洲、非洲、拉丁美洲的 24 个国家开展“国家沼气项目”，支持户用沼气发展，国家包括亚洲的孟加拉国、不丹、柬埔寨、印度尼西亚、老挝、尼泊尔、巴基斯坦和越南，非洲的贝宁、布基纳法索、喀麦隆、埃塞俄比亚、加纳、肯尼亚、卢旺达、塞内加尔、坦桑尼亚、乌干达、赞比亚和津巴布韦，以及拉丁美洲的玻利维亚、洪都拉斯、尼加拉瓜和秘鲁。荷兰发展组织开展的户用沼气项目资金来自不同的捐赠机构，包括亚洲开发银行、世界银行、荷兰、德国、捷克、英国和瑞典政府。到 2018 年，荷兰发展组织（SNV）在以上国家直接和间接参与建设的户用沼气池共 87 万座，可贵的是，荷兰发展组织（SNV）除了举办面向培训师的培训，还鼓励沼气技术员组建合作社或企业，实现商业化发展，加强了企业、政府、民间组织的沼气开发能力。从理论上讲，国家户用沼气项目是可行的，它立足供求关系开展技术培训、沼气池建设、销售和推广，提供政府补贴和银行优惠贷款，以及一年质保的售后服务。项目实施情况在各地不尽相同，原因在于当地技术人员对技术不熟悉，建造和运行成本高，各级政府支持有限。

总部设在荷兰的发展中国家人文合作研究所（HIVOS）是荷兰发展组织（SNV）的合作伙伴之一。该机构面向非洲、拉丁美洲和亚洲国家提供财政支助，开展知识普及、知识共享，推动社会变革、智慧农业和农村创新领域发展，在沼气领域发起了非洲沼气伙伴关系方案（ABPP），目标是为埃塞俄比亚、肯尼亚、坦桑尼亚、乌干达和布基纳法索等 5 个非洲国家建设 10 万座户用沼气池，为 50 万人提供可持续能源，通过与当地企业、非政府组织和政府合作，促进沼气商业化发展。截至 2016 年 4 月，项目在非洲已建沼气池 6 万座，惠及 32 万非洲用户。第二阶段重点将通过在国际市场上销售碳信用，提高用户收益和气候融资机会。

亚洲开发银行的“全能源”（E4ALL）伙伴关系项目将技术需求方、技术提供方、资金捐助方联系起来，通过户用沼气知识交流、技术创新和模式推广，自上而下、自下而上地寻找解决能源问题的办法。例如在越南，亚洲开发银行通过“全能源”（E4ALL）伙伴关系项目，向越南农业部提供了 7 800万美元优惠贷款，支持越南实施户用沼气和其他低碳发展计划。截至 2012 年 6 月，亚洲开发银行在越南已建户用沼气池 2. 6 万座。亚洲开发银行还在不丹通过提供优惠贷款的方式，支持建设了 1 600座户用沼气池。

德国国际合作机构（GTZ）采取独自承担和与其他非政府组织合作承担的方式，在亚洲和非洲开展了户用沼气技术培训和示范项目建设，还注重与项目所在国科研机构合作。例如，1988 年，德国国际合作机构（GTZ）联合清迈大学与泰国农业部实施了“泰国-德国沼气项目”，分析了泰国沼气发展存在的问题，开展了沼气开发和推广工作，并于 1991 年在清迈大学科技研究与发展所成立了沼气服务中心，为泰国全国范围内开展沼气技术的研究与推广提供指导（图 4-1）。

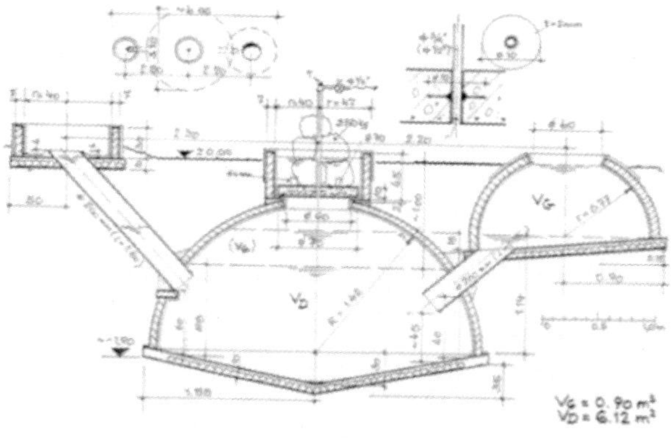

图 4-1 泰国沼气池型

2. 本土发展模式

发展中国家沼气技术在本土的发展源于需求驱动当地条件。中国和印度是本土发展的典型代表。水压式沼气池诞生在中国，而浮罩式沼气池发源于印度。印度有适宜沼气发酵的温度，是沼气发酵的有利条件，还拥有世界上最大的牛饲养量，43%的养牛户养牛 4 头以上，牛粪是沼气发酵的优质原料。早在 20 世纪 30 年代，印度就开始制取和利

图 4-2　德国专家在东南亚指导开发沼气池

用沼气。1962 年，印度开发了戈巴式（KVIC）沼气池，这是浮罩式沼气池的原型（图 4-2）。印度政府于 20 世纪 70 年代实施了全国沼气发展计划，掀起了第二次大规模的沼气推广浪潮，到 80 年代已有近百万个户用沼气池投入使用。与水压式沼气池相比，戈巴式沼气池的造价高出 45%，产气率低，从 20 世纪 80 年代起，水压式沼气池在印度成为主流。目前印度非常规能源部确认的主要推广池型有 KVIC 柱型浮罩式沼气池、迦娜塔水压式沼气池（图 4-3）、Pragati 半圆浮罩式沼气池、Pragati 半圆浮罩式沼气池、定邦度半圆水压式沼气池（图 4-4），建筑材料有，以满足在不同交通条件和建材成本的地区推广的需要。还针对沼气池的气密性，开发了密封涂料和密封包装，还在秸秆消化过程中加入酶制剂提高处理效果。

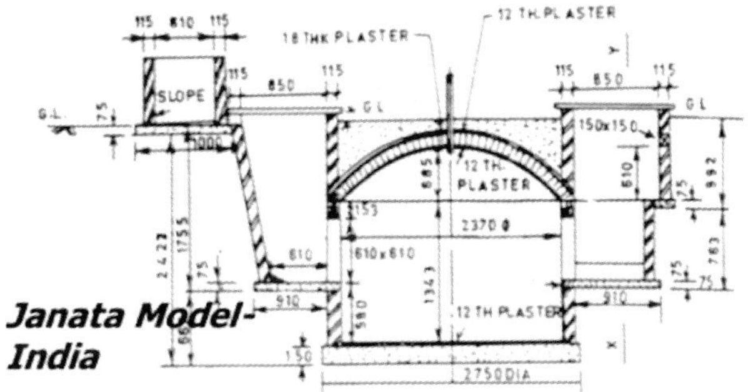

图 4-3　印度迦娜塔模式沼气池

沼气在各国的发展离不开政府引导。为应对严峻的能源短缺和环境污染问题，各国政府纷纷制定能源政策和绿色发展战略，为户用沼气技术在内的可再生能源开发提供了有利的发展环境，采取了一些有力的措施。例如印度政府鼓励科研机构研开发新型工艺、举办技术培训，鼓励沼气工成立沼气服务社，对户用沼气池用户提供补贴，制定沼气池建设和运行标准，并现场抽查加强质量监督。私营机构已成为印度沼气池施工启动和维修服务的重要力量。

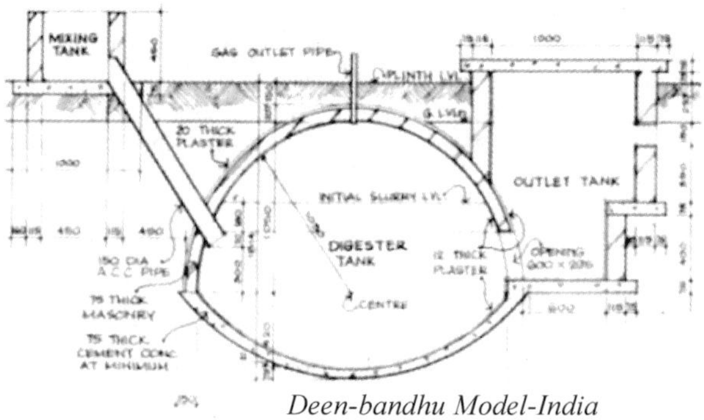

图 4-4　印度定邦度模式沼气池

三、发展中国家沼气技术特征

亚洲国家推广的户用沼气池的池型以浮罩式、固定拱盖式为主，固定拱盖式也叫水压式。建筑材料大多就地获取，包括砖混（表 4-2）、钢制、预制板拼装，后来出现了工业塑料、聚乙烯、玻璃钢等新材料。单池体积为 1.2～20m^3。建池目的以生产沼气、处理农业废弃物为主，一些国家还将沼液用于还田利用和动物饲料，沼气压缩罐装也有所尝试（图 4-5，图 4-6）。

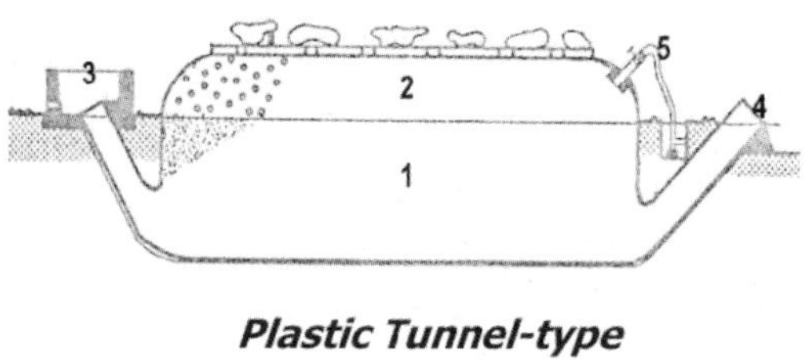

塑料槽式沼气池

图 4-5　塑料槽式沼气池

表 4-2　亚洲国家 4m^3砖混水压式户用沼气池建设含税价格

国家	菲律宾	尼泊尔	越南	柬埔寨	孟加拉国	老挝	巴基斯坦
价格（美元）	1 140	390	345	512	307	470	309

数据来源：荷兰发展组织（SNV）与温洛克国际（Winrock International），2010. 户用沼气项目可行性报告

目前浮罩式沼气池因为造价和维护成本高，在非洲推广不多。主要推广的池型是水

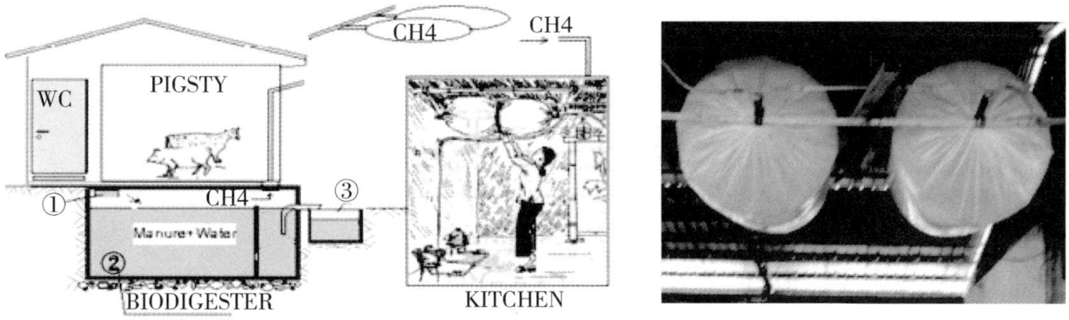

图 4-6 聚乙烯储气袋及应用模式

压式沼气池，池型在不同的国家有结构上的差别（图 4-7、图 4-8）。第一种池型是荷兰发展组织（SNV）在非洲推广的 GGC2047 模型，在尼泊尔水压式沼气池（图 4-9）的基础上有所改良，加强了密封性。第二种池型（图 4-10）由非洲农业机械化和农村技术中心（CAMARTEC）开发，在东非地区应用广泛，特点是发酵罐和储气室连为一体。

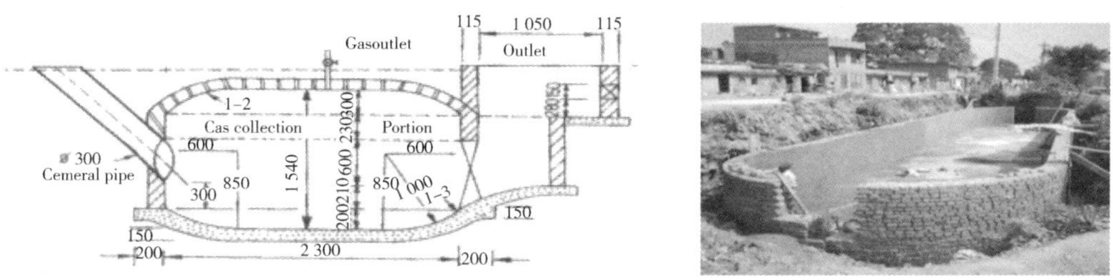

图 4-7 推流式沼气池

图 4-8 浮罩式沼气池

为促进户用沼气技术的推广应用，不少科研机构开展了技术开发和可行性研究。表 4-3 列出了一些非洲国家不同机构针对池型结构与发酵原料的研究结果对比。

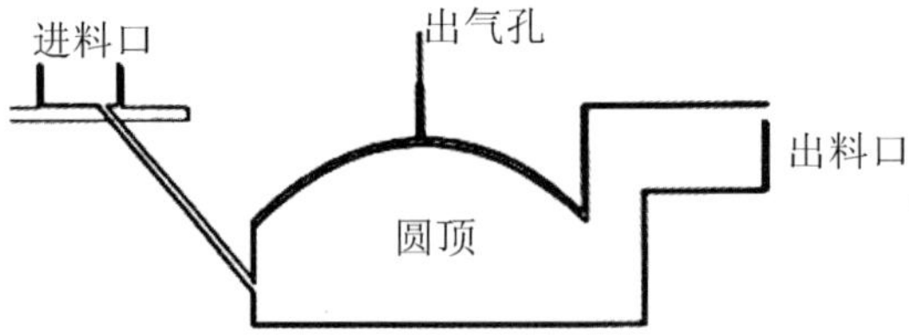

图 4-9　尼泊尔 GGC 2047 水压式沼气池

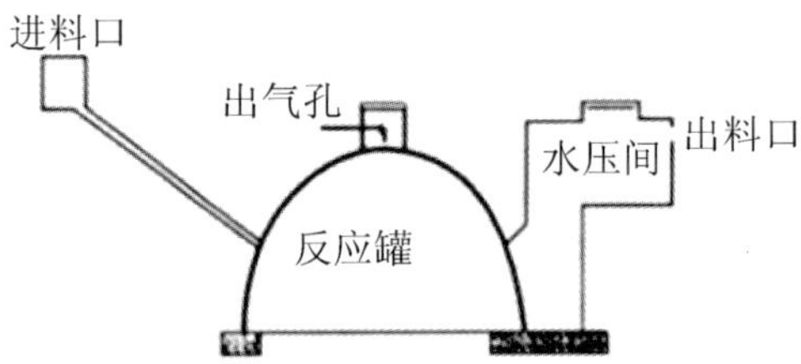

图 4-10　非洲 CARMATEC 水压式沼气池

表 4-3　非洲户用沼气池结构与发酵原料研究对比

国别	池型	发酵原料	水力停留时间（天）	甲烷产量（m^3/kg/VS）	沼气产气率（m^3/kg/VS）
南非	软体沼气池	牛粪	120	未测	4 600cm^3
尼日利亚	220 升黑膜批式沼气池	木薯皮与畜禽养殖废弃物按不同比例混合	30	未测	仅用木薯皮：0.6 升/kg-TS；混合比例为 1∶1 时产期率达到最高值：35.0 升/kg-TS
尼日利亚	10 升厌氧发酵罐	香蕉皮、车前草皮分别与猪粪混合	35	未测	香蕉皮：8 800cm^3 车前草皮：2 409cm^3 香蕉皮+车前草皮：13 356cm^3
布基纳法索	4 升批式沼气池	狗仔花与反刍动物瘤胃内容物	未知	56%~59%（v/v）甲烷	2.9~3.6L/d.L
埃塞俄比亚	0.5 升批式沼气池	无花果、仙人掌与牛粪混合	31	未知	1 000L，加入牛粪与 25%果皮
坦桑尼亚	0.5 升批式沼气池	不可食木薯	未知	11~14MJ/kg VS 能量	未测
纳米比亚	三角瓶	羊血、胃容留物、粪便	140 小时	90%	650ml

（续表）

国别	池型	发酵原料	水力停留时间（天）	甲烷产量（m^3/kg/VS）	沼气产气率（m^3/kg/VS）
津巴布韦	未知	水葫芦	15	未测	鲜水葫芦：650 ml；干水葫芦：702 ml（累积沼气产期率）
乌干达	未知	香蕉皮、香蕉秆、香蕉	35	香蕉皮：0.322m^3 kg-1 VS 香蕉秆：m^3 kg-1 VS 香蕉：0.367 m^3 kg-1 VS	未知

四、部分国家沼气发展情况

1. 亚洲地区

（1）东南亚（以柬埔寨、菲律宾、泰国、印度尼西亚、越南为例）。

柬埔寨：

2006年，在荷兰发展组织（SNV）支持下，柬埔寨农林渔业部与柬埔寨畜禽生产部联合实施了全国户用沼气池项目。目前全国户用沼气池数量已达26 000座，池型规模为4~12m^3。沼液利用较为普遍，95%的沼气农户施用沼液作为有机肥（图4-11）。

图4-11 柬埔寨模式沼气池

为解决能源危机、缓解环境压力，柬埔寨政府正持续采取措施促进沼气发展。一是举办培训，调研已建沼气池运行情况，帮助养殖户了解沼气推广的好处；二是规定所有禽畜养殖农户必须建设沼气池，否则政府将收回养殖许可证；三是为新建沼气池的农户提供财政补贴，补贴额度为总投资的20%；四是对于已建沼气池的农户实施同样的补贴政策，鼓励农户适时根据养殖规模升级沼气装置的工艺设计，提高沼气生产效率；五是制定详细的沼气发展规划，计划到 2020 年，户用沼气池达到 33 000座，2025 年达到 43 000座。

菲律宾：

在菲律宾，畜牧业仅次于作物生产，是小农生产制度下的生计来源。养猪是农村家庭的主要收入来源。截至 2018 年 1 月，菲律宾农户散养生存栏量为 809 万头，计划到 2027 年增加 10%，达到 1 372万头。按照菲律宾政府“畜禽废弃物资源化利用项目”的内容，菲律宾将采取环境友好型废弃物管理和利用方案，推动畜牧业可持续有效发展。因此菲律宾户用沼气发展有相当的市场潜力（图 4-12）。

图 4-12　菲律宾水压式沼气池

目前，菲律宾沼气建设主要由菲律宾畜禽业局（BAI）承担。该局成立于 1930 年 1 月 30 日，承担全国畜禽和奶制品行业的监管与发展工作。20 世纪 70 年代，畜禽业局开始实施沼气发展，安装了近 400 座浮罩式户用沼气池。90 年代开始推广管状聚乙烯沼气池。2000 年后开始发展高密度聚乙烯沼气池和规模化的聚乙烯固定拱盖式沼气池。根据 2003 年统计，菲律宾农户畜禽养殖废弃物处理装置主要包括氧化塘、粪坑和沼气池，其中沼气池占比为 13%（图 4-13、4-14、4-15）。

图 4-13　菲律宾地上式户用沼气池

2015 年，菲律宾农业部开始实施全国畜禽养殖废弃物资源化利用项目，菲律宾畜牧业局作为实施单位，每年定期组织面向各省沼气协调员的培训项目，拟定了融资提案，开展了与联合国粮食与农业组织、中国农业部沼气科学研究所等机构的技术交流，建立了畜禽粪肥管理数据库，着手制定沼气行业标准，加强了对已建项目的监测。

但菲律宾沼气发展缺乏财政支持、融资方案和优惠政策，发展缓慢。

图 4-14 菲律宾塑料管状沼气池

图 4-15 菲律宾加强型塑沼气池

印度尼西亚：

印度尼西亚政府在荷兰援助机构发展中国家人文合作研究所（HIVOS）支持下实施了沼气开发项目，以非商业和半商业形式推广户用沼气、社区沼气和大型沼气技术，社区支付沼气池土建费用，剩余资金来自荷兰政府、挪威政府、印度尼西亚千年企业挑战账户（MCAI）等。迄今为止，该项目成功建造了 23 079 座沼气池（图 4-16），培训了 1 000 多名沼气生产工和 200 多名技师。除了生产沼气，沼渣用于生产有机肥和动物饲料、沼气压缩罐装等技术也在印度尼西亚得以尝试。印度尼西亚政府还编制了一系列沼气建设标准、包括混凝土固定拱盖沼气池建设标准、沼气输气系统建设标准、压缩沼气质量标准、混凝土固定拱盖式沼气池处理有机废弃物工艺标准等。

截至 2018 年 9 月，印度尼西亚户用沼气已达 42 571座，日产气量为 72 830m^3，年产气量达 252.6 亿 m^3。建设情况如表 4-4。

图 4-16　印度尼西亚固定拱盖沼气池建设情况

表 4-4　印度尼西亚户用沼气池建设项目统计

资金来源	国际组织	财政经费	民间资金	地方政府	私企
户用沼气池数量（座）	19 118	3 335	9 627	1 337	9 154
日产气量（m^3）	34 124	6 441	12 701	2 538	17 026

印度尼西亚沼气发展依然面临一些问题。一是民众沼气建设意识薄弱，需要加强信息交流和科普教育；二是缺乏关于国家沼气计划的宣传；三是沼气开发方案目前没有与其他生产活动相结合；四是缺乏利益相关方的参与，缺乏建设资金和推广技能。

越南：

越南农业人口约占总人口的 80%，农户照明和做饭能源供应存在缺口。中小型养殖场众多，丰富的畜禽粪便作为发酵原料，气候温和，为发展沼气奠定了基础。根据越南农业部 2015 年的统计，已建沼气池的农户达 220 万户，占农户总数的 53%，未建沼气池的农户有 190 万户，占 47%。已建沼气池中，砖混结构占 60%，复合材料结构占 35%，其余 1%~5%为高密度聚乙烯结构。相比 630 万农户的基数，还有很大开发潜力（图 4-17 至图 4-21）。

目前越南的畜禽养殖固体废弃物处理技术主要包括微生物法、好氧堆肥技术、堆肥分离技术、焚烧法、蚯蚓饲养处理技术；对于液体废物则主要采用厌氧发酵进行处理，或者物理与生物方法，并已开始应用膜过滤技术。

越南政府计划在 2020 年前持续加强对户用沼气发展的导向，一是将畜禽养殖废水处理与生活污水处理相结合，二是对家庭养殖户实施环境影响评估，三是鼓励固体废弃物处理以生产有机肥，四是加强关于畜禽养殖条件和废弃物处理的立法工作，将于2020年1月1日起实施畜牧法。

图 4-17　越南软体沼气池

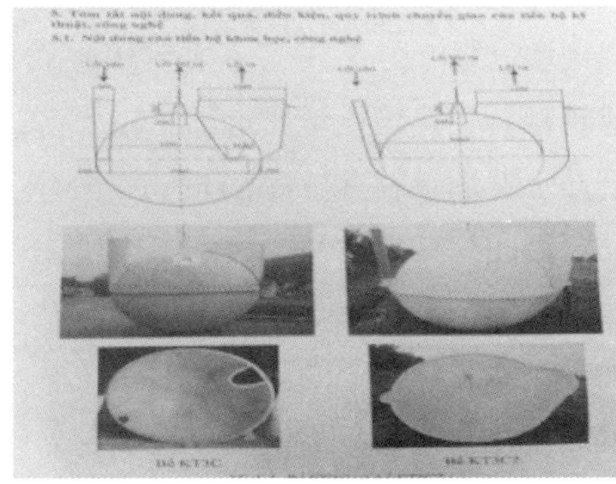

图 4-18　越南玻璃钢沼气池

图 4-19　越南浮罩式沼气池

图 4-20　越南塑料管状沼气池

图 4-21　越南砖混模式沼气池

（2）南亚。

印度：

印度从 20 世纪 30 年代开发沼气技术，距今已有 90 年历史，到 1980 年，印度已建户用沼气池 8 万多座，主要采用牛粪发酵。1985 年以前，沼气池型以浮罩式为主，其建筑材料和建筑质量要求都比较严格，产气率高。但与固定拱盖式相比，浮罩式沼气池钢筋水泥用量较多，费用较高，一个 $3m^3$ 不锈钢材料浮罩式沼气池在印度造价 400 美元，因此，其他池型也得到了应用，还推广了玻璃钢和预制板拼装结构。根据印度畜禽养殖规模，户用沼气池建设潜力可达 1 200万座，目前已建 500 万座。但不少沼气池出现了设计和运行上的问题，发展缓慢，主要原因有政府对户用沼气补贴份额减少，液化天然气逐渐普及，沼气池建造质量欠佳，家庭养殖数量减少，缺乏专门的推广管理机构和技术人员。

孟加拉国：

孟加拉国政府自 2009 年开始实施能源政策，计划到 2015 年，可再生能源的发电量达到 5%，2020 年达到 10%，于 2014 年设立了可持续和可再生能源发展局，以促进可再生能源和能源效率，还出台一揽子沼气发展计划和优惠政策鼓励沼气建设。

2009—2015 年，在孟加拉国政府支持下，孟加拉国农村发展学院在全国范围内选择了 112 处，成功实施了“社区沼气”项目。在该项目支持下，孟加拉国农村发展学院对水压式沼气池予以改造，于 2002 年开发了半批式进料沼气池，适用于处理不同发酵原料，包括牛粪尿、鸡粪、秸秆、餐厨废水和烟草等。社区沼气建设作为农村户用沼气的升级模式，已得到政府支持，将成为孟加拉国农村能源系统和粮食安全的一个转折点（图 4-22）。

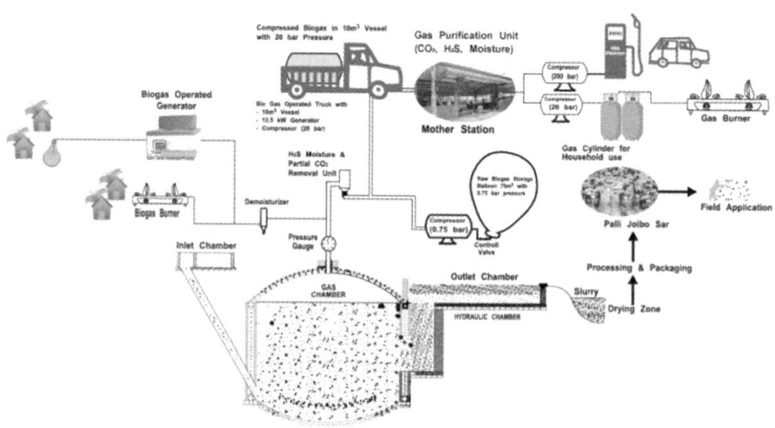

图 4-22　孟加拉国农村发展科学院开发的社区沼气池

除了政府支持，其他非政府组织也着重在农村地区实施了补贴机制下的沼气项目。另外，大约有 43 个私营部门和民间机构在市场导向下进入沼气领域。

孟加拉国户用沼气池常见规模为 1.2～4.8m^3，日处理量 30～60kg，日产气量 1.1～2m^3。主要问题在于：发酵原料不足，农村人口往城市迁移，缺乏沼气发展意识和技能，欠缺投资沼气的积极性，家庭分散养殖规模减少，户用沼气项目补贴取消，缺乏相关培训项目和机制，由私人自建、非政府项目下的沼气池施工费用昂贵，打击了农户的积极性。针对户用沼气技术推广的公私合营模式还有待探索。

2. 非洲地区

（1）东部非洲。

厄立特里亚：

厄立特里亚位于东非撒哈拉地区，因能源需求造成环境恶化，面临荒漠化的威胁。2007 年厄立特里亚能源供应总量研究表明，能源消耗的 77.3%以上来自生物质能。对厄立特里亚人来说，就像大多数撒哈拉以南非洲人民一样，“能源”指的是薪柴、木炭、牛粪、蜡烛、农业残留物和煤油。

厄立特里亚在农村和半城市地区建设了不同类型的沼气池，池型大小为 4～60m^3，包括浮罩式（20m^3）、固定拱盖式（10m^3）、新型长方体移动式（4 m^3）。水压式沼气池建设就地取材，建造成本低，使用寿命，受环境温度和风力影响小，具有良好的产气率，最适合当地环境和农民生产生活方式，因此最受当地农户欢迎。因为欠缺技术力量和鼓励政策，厄立特里亚生物质能潜力没有得到充分开发，需要开发高效、低成本沼气技术，面向农户举办技术培训，编制行业发展规划和相关标准（图 4-23、4-24）。

图 4-23　厄立特里亚浮罩式沼气池

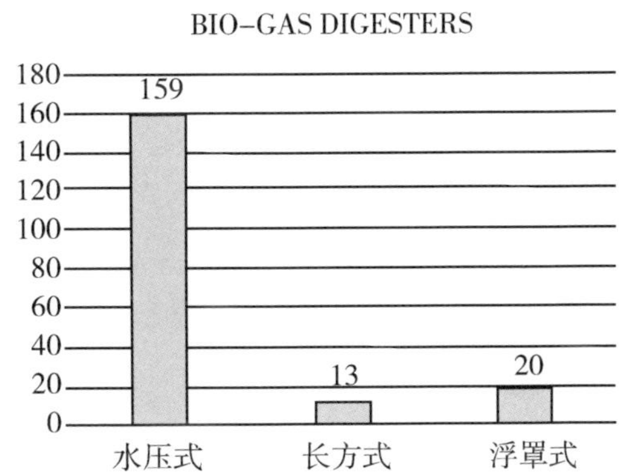

图 4-24　厄立特里亚不同类型沼气池数量比较

埃塞俄比亚：

埃塞俄比亚拥有8 500万人口，90%以上人口用能依赖生物质燃烧。农业是埃塞俄比亚的主要收入来源，养殖户占总人口的77%。全国电力供应主要来自当地水力发电，但供电量仅为全国需求的10%。其余的能源供应来自生物质燃烧。由于木柴资源日益减少，其他低热值的生物质，如牛干粪，被农户作为燃料使用。不利用动物粪便施肥，且用不起化肥，使埃塞俄比亚成为撒哈拉以南非洲国家中肥料使用率最低的国家之一。户用沼气技术带来的清洁能源和有机肥料，能解决当地的能源和肥料短缺问题。

埃塞俄比亚于1957年开始引进沼气技术，第一座沼气池建于亚的斯亚贝巴的一所农业学院，发酵原料为人体排泄物。1980—2000年，政府部门、社区和私企以技术示范为目的建造了1 000多座户用沼气池，但到2007年，其中的40%已停止运行。2008年，埃塞尔比亚政府加入了荷兰政府支持下的“国家沼气项目”，由荷兰发展中国家人文合作研究所（HIVOS）提供经济支持、荷兰发展组织（SNV）的提供技术援助，埃塞俄比亚水和矿产资源部在全国范围内推广沼气技术，通过公私合营的方式，第一期（2009—2013年）在4个地区建设了8 063座户用沼气池，并实现了产气量逐年增长，二期计划建设总数达到2万座。

水压式沼气池是埃塞俄比亚最普遍的池型，其他池型也有试点建设。当地研究人员还开发了一种沼气炉，用于加热当地特制烤箱，用于烘焙埃塞俄比亚传统菜肴——柚皮面粉制成的扁平面包，已在四个地区进行试验。

全国90%的沼气池建设农户实现了沼渣施肥，多余的沼渣还进入商业化销售，改善了农业生产和农民收入。63%的农户实现了厕所与沼气池相连，提高了人居卫生条件。

肯尼亚：

肯尼亚是一个能源贫乏的国家。2009年，国家电网供电量仅能满足16%的人口，因此肯尼亚亟须发展可替代能源。早在20世纪50年代，肯尼亚就引入了沼气技术，是最早采用沼气技术的非洲国家之一。到1980年，全国已建150座沼气池，到2004年达800座，但2007年仅25%的沼气池仍在运行。肯尼亚户用沼气池主要有浮罩式和水压式两种模式，20世纪90年代起，塑料管状沼气池因价格低廉而受到关注。

2010年，肯尼亚加入了荷兰发展中国家人文合作研究所（HIVOS）和荷兰发展组织（SNV）发起的非洲沼气伙伴关系项目，掀起了一场沼气革命。项目第一阶段共培训577名沼气工，后来其中82名沼气工成立了沼气公司；帮助私营和公共部门的160多个机构以公私合营的方式搭建伙伴关系网络，成立了肯尼亚沼气承包商协会（ABC-K）、肯尼亚沼气行业协会（ABSK）；通过金融信贷为农户提供建设资金，农村微型金融机构、小额信贷机构和储蓄合作社占贷款的97%，只有3%的信贷是由传统银行提供的；共计建设户用沼气池11 529座，对5万肯尼亚人的生活产生了积极的影响；注重沼气池的质量监督、用户体验、经济效益和可持续性，积极推广沼渣利用。在第一期 4 年的时间里，肯尼亚是该项目下户用沼气池建设数量最多的国家。

值得一提的是，肯尼亚妇女在沼气建设中发挥了积极作用。妇女带头申请金融贷款，占借款人的 78%。此外，在沼气池运行维护和沼渣利用技术培训中，女性学员占 48%。妇女用户的参与和对技术认知的提高，推动了沼气综合利用的普及。

卢旺达：

卢旺达是非洲人口最稠密的国家，农业人口占 90%。卢旺达的电力生产主要依靠水力发电，但干旱频发使电力供应难以保障，国家电网供电仅占全国能源消耗的 0.9%，80.4%的能源消耗来自生物质燃烧，给森林资源造成了巨大的压力。卢旺达政府颁布法令，限制了森林使用。因此，卢旺达迫切需要可替代能源。

2006 年，卢旺达参加了荷兰发展组织（SNV）和德国国际合作机构（GTZ）合作发起的国家户用沼气项目（ABPP），开展了沼气建设潜力调研，计划到 2011 年在卢旺达建设 15 000座户用沼气池。在各种因素影响下，这一雄伟的目标到 2011 年削减到 5 000座，到 2012 年年中，最终建成的数量只有大约 2 600座，但搭建了沼气可持续发展的框架。每个辖区培训并配备了两名沼气技术员，提供施工和运行维护服务，还在 18 个行政区成立了青年沼气合作社或公司，为青年创造就业机会，为辖区用户提供沼气技术服务。青年沼气服务社接收来自住户或沼气公司的沼气池订单，在 4 个行政区分别建设了 35 座、50 座、45 座和 65 座沼气池（图 4-25）。

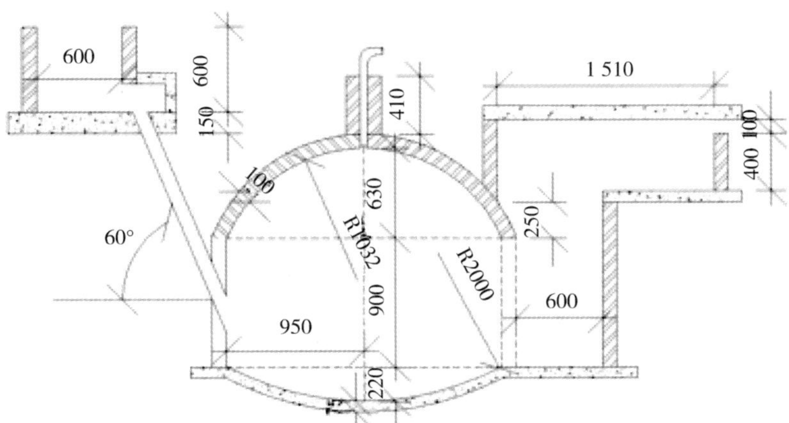

图 4-25　卢旺达模式沼气池

坦桑尼亚：

坦桑尼亚是联合国宣布的世界最不发达国家之一，盛产剑麻、咖啡、糖和谷物等。农牧业人口占全国人口 90%以上，分布广泛，95%以上的农村居民无法连接电网，能源供应主要依靠薪柴等生物质燃烧。大量农业废弃物资源是丰富的发酵原料。

2007 年，坦桑尼亚水、能源和矿产部在荷兰发展组织（SNV）支持下，开展了“可持续农业发展”（SURUDE）项目，利用畜禽养殖废水发酵产沼气。为农村居民提供分散的农村能源，满足人民的能源需求。项目计划每年建设 3 500~4 000座沼气池，实际在 2009—2013 年逐年递增地建造了 3 819座。由于项目支持的建设范围仅局限于达累斯萨拉姆城市附近，广大贫穷的农村地区安装和维护费高于城市，因此沼气建设十分有限。针对这种情况，项目在当地开发生产了聚乙烯管式消化器等成本更低的沼气池，简化了安装和操作，为贫困农民提供了便利（图 4-26）。

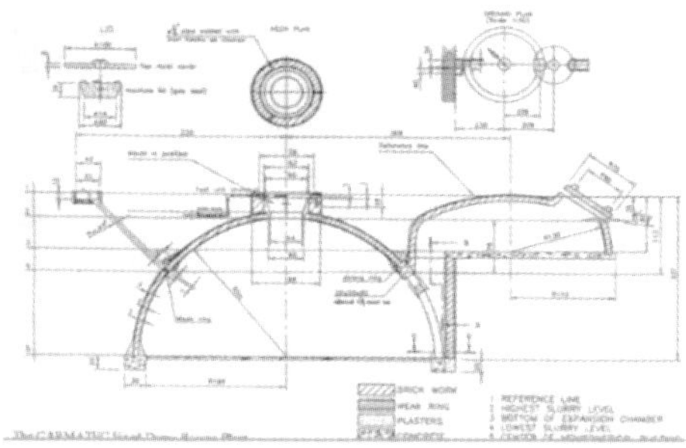

图 4-26　坦桑尼亚模式沼气池

乌干达：

乌干达农业占国内生产总值的 26%，畜禽生产占农业国内生产总值的 17%。农村能源短缺，森林乱砍乱伐，带来了环境恶化和洪涝灾害，财产和人员损失惨重。

沼气技术在 20 世纪 50 年代被引入乌干达。20 世纪 90 年代，为解决能源危机，实现乌干达千年发展目标，乌干达政府把沼气开发纳入了经济社会转型工作，制定了积极的政策和方案，将沼气产业化看作创造就业的有力途径，编制了农村电气化和智慧农业补贴方案，开展了沼气技能培训，提倡使用沼渣作为有机肥，使用沼气作为生活燃料，并鼓励本地公司创办乌干达本地品牌。

在政府支持下，乌干达从事沼气建设和推广的机构众多。首先，参与推广的国际组织有联合国机构、适配技术和农业工程研究中心、荷兰发展组织乌干达办事处、国际小母牛组织、能源和环境联合项目、非洲医学研究基金会和“乌干达送牛”组织。例如，在联合国粮农组织-中国南南合作信托基金第二期支持下，乌干达政府在乌干达西部处于畜禽养殖走廊的马萨卡和马辛迪两地建设了两座户用沼气池，分别为 13m^3 和 9m^3，并对该地区停用的沼气池进行检修。另外，国内组织也参与了沼气推广，包括社区发展和教育组织、非洲 2000 乌干达服务点、可持续清洁水循环系统、绿色热能有限公司、废物能源化处理组织、国家农业研究组织（NARO）、能源与矿物开发部。各机构通过提供奶牛、资助沼气池建设等方式，在乌干达农户中推广奶牛养殖和废弃物资源化利用。在最不发达国家中，乌干达拥有数量最多的清洁发展机制（CDM）项目，反映了乌干达政府推动可持续、环境友好型资源开发的积极性。

乌干达也参加了荷兰政府和德国政府支持下的国家户用沼气项目（ABPP），在项目的第一阶段（2009—2013 年）共建设了 5 000座户用沼气池。2014 年，政府取消了建池补贴，建池数量急剧下降。乌干达沼气方案公司（BSU）作为国家户用沼气项目的国家执行机构，加强了当地沼气建筑企业之间的能力建设和相互合作，成立了客户服务中心，开展客户服务，对沼气池编号管理加强质量监控，对新技术和新设备进行研究，以降低成本，提高使用率，例如研发了莲花 2 号沼气炉，降低了 15%的制造成本，采用中国制造的沼气灯，还加强了沼渣的收集利用，建造沼渣收集池。通过努力，沼气建设数量在 2014 年最后一个季度开始稳步增长。

乌干达积累的牛粪可用于 25 万座户用沼气池发酵，但实际上沼气池开发没有达到各方预期。乌干达沼气建设缺乏标准规范，建成后缺乏维护管理，养殖情况不定导致发酵原料不能持续供应，农户欠缺操作知识，因此多数沼气池报废停用。建造和维护成本高、农户建设动机低等因素也阻碍了沼气池推广。户主的年龄和受教育程度也是沼气推广的影响因素。农户中的男性户主通常拥有唯一的决策权，妇女一般不参言沼气池修建。有趣的是，乌干达户主的受教育程度与沼气技术的采用成反比，而在肯尼亚等其他非洲国家则相反。因此，推广沼气技术需要与各国情况相结合（图 4-27）。

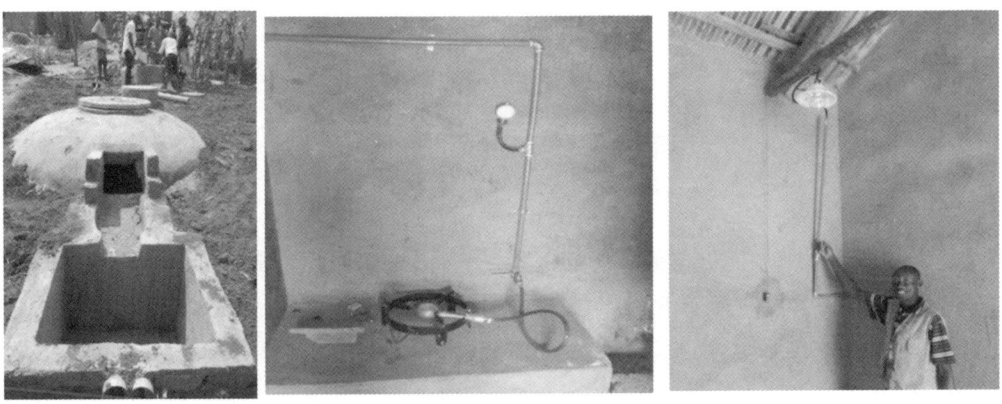

图 4-27　乌干达 10 立方沼气池及沼渣收集池、沼气炉和沼气灯

（2）南部非洲。

博茨瓦纳：

博茨瓦纳是一个内陆国家，大部分国土被卡拉哈里沙漠所覆盖。太阳能资源十分丰富，雨量有限。博茨瓦纳电力供应主要来自燃煤发电，煤矿资源丰富，但本国煤电厂发电量仅支持全国 29%的电力需求，其余 71%的电力依靠从南非进口。南非供电不稳定，且价格昂贵。因此，博茨瓦纳需要开发替代能源。可再生能源仅占该国总能耗的 1%左右，主要是太阳能。牛饲养量大，牛粪全部收集起来产沼气发电，可满足全国60%的电力需求。但因大多散养，牛粪收集成了难题。

20 世纪 80 年代，博茨瓦纳政府通过了沼气发展倡议，通过农村产业创新中心建设了户用沼气池 15 座，利用社区收集的牛粪与抽上来的地下水混合发酵，但牛粪与水的混合比例缺乏科学研究，加之社区缺乏人员培训和服务机制，项目在几年内就失败了。博茨瓦纳沼气发展从此停滞不前。

整体来看，博茨瓦纳政府对于沼气发展缺乏引导性政策。一个客观的因素是降雨量少，不利于湿式发酵。因此，博茨瓦纳等太阳能资源丰富、发酵原料充足的干旱地区，适宜于开发干发酵工艺（图 4-28）。

图 4-28　博茨瓦纳的户用沼气池

津巴布韦：

津巴布韦电力供应主要依靠水利发电和进口。因为不能持续支付电费，该国电力供应时断时续，对经济和社会发展产生了负面影响，因此开发可替代能源资源十分迫切。津巴布韦禽畜废水资源丰富，可作为沼气池的发酵原料。开展沼气知识普及教育、沼气建设经验分享，从中央到地方对沼气行业进行扶持，挖掘沼气开发潜力，将对津巴布韦经济发展和人民增收产生积极影响。

2013 年 1 月，津巴布韦参加了荷兰发展组织和发展中国家人文合作研究所（HIVOS）支持的国家户用沼气项目，以市场为基础开展沼气建设，开展技术培训，共计培训了 70 多名沼气工和 18 名技师，使 1 385个农村家庭受益，研发了沼气设备，包括一些正在测试中的沼气冰箱、沼气饭煲、沼气热水器等。沼气的开发利用改善了人民生活条件，减轻了妇女负担。目前，津巴布韦户用沼气池已建有 400 多座，池容普遍为 3~16m^3，主要建在学校、农户和一些企业。

莱索托：

在中国政府的帮助下，莱索托于 20 世纪 70 年代初和 80 年代初建了 80 多座沼气池。然而，由于缺乏运行维护的技术支持，沼气池大多迅速报废。到 90 年代初，还在运行中的沼气池仅剩 6 个。2004 年起，通过其他国际非政府组织的援助，莱索托建设了 1 500多座沼气池，其中 300 多座由用户自筹（图 4-29）。

莱索托沼气发展值得借鉴的做法是，先示范，组织参观，再立项，根据需求推广。但其面临的问题在于，因地处高原，冬天气温低，运行成本高，发酵原料缺乏，资金投入少，民众对沼气的认识不够，积极性不强[18]。

图 4-29 莱索托社区沼气池用户给沼气池加水加粪，施用沼液

莫桑比克：

莫桑比克是世界上最不发达和最贫穷国家之一，95%以上的农村居民无电可用，依靠生物质燃烧提供能源。莫桑比克的优势在于其丰富的可再生能源资源和非洲首屈一指的经济增长速度。随着经济发展，分散式农村能源在农村和偏远地区的推广潜力巨大。莫桑比克政府制定了可再生能源发展政策，提倡利用可再生能源促进经济可持续发展。2007 年，一个名为“集体卫生比利比扎”的非政府组织成立，它通过农民参与、技术推广和财政援助的方式，开展厕所改造和生物燃料生产利用。但莫桑比克缺乏负责沼气开发管理的专门机构，户用沼气建设缺乏具体的推广方案。

纳米比亚：

纳米比亚本国的电力供应来自水力发电、燃油发电，辅以南非和津巴布韦进口。但南非因能源危机中止了对纳米比亚的电力输出。因此纳米比亚需要开发可替代能源来减轻供电压力，缓解对经济的影响。纳米比亚有丰富的自然资源和太阳能、风能和生物质能等可再生能源，沼气技术在纳米比亚推广十分有限，仅在一些养殖场建有小型沼气池，数量不详。

纳米比亚曾有人提出一个有趣的项目，通过沼气发酵降解芦苇，增加鱼类河流的水载量，以降低洪水发生的频率。但尚无该项目的数据更新。最近，纳米比亚还启动了两个清洁发展机制（CDM）项目，在污水处理厂和填埋场建设小型沼气项目。

纳米比亚沼气发展的瓶颈在于缺乏政府层面的鼓励措施、管理部门、相关知识和技术储备，沼气建造成本高昂。纳米比亚沼气发展有其优势，因为纳米比亚人类发展指数高（指人口在社会和经济指标方面的总体发展水平），这意味着纳米比亚有能力依靠自己的力量来实施沼气建设。

赞比亚：

赞比亚可连接国家电网的人口只有 20%，在农村地区只有 3.3%。80%的人口依靠生物质燃烧，主要是木柴和木炭，用于做饭、取暖和照明。赞比亚每年因毁林损失 50 万 hm^2 森林（联合国粮食与农业组织，“全球森林资源评估”，2010 年）。

赞比亚政府能源部和农业部启动了可再生能源的政策制定、市场监管、方案促进以及宣传试点。在世界银行全能源（E4A）项目支持下，通过资金支持、技术培训和融资激励等，开展了户用沼气建设，为家庭、公共服务和企业提供了清洁能源，节能增收，改善了人民生活质量。项目注重从宣传沼气效益入手，针对市场需求开展营销，重视质量控制和用户服务，对用户进行技术培训，开展沼渣利用示范试点和调整。另外，荷兰发展组织（SNV）也在赞比亚开展了技术培训，培训了 17 名沼气工，指导建设了户用沼气池，改造了沼气灶。参与沼气建设的还有赞比亚农业和畜牧部、能源和水利开发部、非洲开发银行、瑞典国际开发署、赞比亚大学、区议会以及慈善社和美国和平队等非政府组织。

（3）西非。

布基纳法索：

布基纳法索参与了荷兰发展组织和荷兰发展中国家人文合作研究所（HIVOS）支持的国家户用沼气池项目，经过第一阶段实施（2009—2013 年），建造了 4 013座户用沼气池。因建造成本高，地方技术力量薄弱，2014 年底仅建了 1 446座户用沼气池消化池，远远低于项目第二阶段（2014—2017 年）计划建池 18 000座的目标。为加强能力建设，项目与全国各地职业学校合作开展了技术和创业能力培训，培训了学员 400 多名，个别学员还独立创办了生物柴油建筑企业。另有 15 家合作社从事沼渣的综合利用，如施肥、养鱼、养猪。布基纳法索政府还为每座 $6m^3$ 的沼气池补贴建造成本的 30%，并鼓励研发沼气池类型，推出新池型，以降低建造成本，延长使用寿命。城郊和农村因成本高，沼气池建设有限。

加纳：

沼气技术于 20 世纪 60 年代引入加纳，在 80 年代中期受到加纳政府重视。加纳能源部 1986 年在中国政府援外项目支持下，建造了第一座 $10m^3$ 的水压式户用沼气池。之后，加纳能源部陆续选择了一些农户和机构，建设了 19 座水压式沼气池，包括 6 座

$15m^3$、2 座 $30m^3$、8 座 $10m^3$ 和 3 座 $25m^3$ 的沼气池，主要以改善卫生为目的，位于家庭、学校和医院。德国国际援助机构（GTZ）也在技术培训、沼气池建设方面提供了援助。从事沼气建设的企业逐渐增加（图 4-30）。

加纳沼气发展同样存在优惠政策不到位、建造成本高、运行维护力量薄弱等问题，需要制定激励政策和发展机制，编制相关标准，促进技术转移，引导民众建立沼气开发利用的意识（图 4-31）。

图 4-30　加纳固定拱盖瓢砖

图 4-31　加纳固定拱盖式沼气池施工

尼日利亚：

尼日利亚是非洲最大的经济体。由于农业发展和石油开发，尼日利亚人收入增加，农村人口迅速向城市转移，消费的增长助长了废弃物产生，造成了环境污染和能源短缺。1999 年，尼日利亚净发电量约为 1 761 兆瓦，但 10 年后，净发电量仅增加了 68 兆瓦。尼日利亚约 70% 人口的依赖薪柴燃烧，使尼日利亚成为世界上毁林率最高的国家。同时，垃圾填埋和天然气燃烧而排放的甲烷量位于世界第八位。沼气生产技术将成为上述所有问题的解决方案。

早在 20 世纪 80 年代，尼日利亚就开始了沼气试验。当时位于索科托的一所大学开发了一个简单的沼气装置，并在尼日利亚不同地区进行了试点。之后，尼日利亚的科研院所开展了一系列研究和示范项目，但没有进行推广。因缺乏政府政策、技术的支持、民众意识薄弱，因此沼气发展停滞。

沼气技术在尼日利亚潜力巨大。尼日利亚每年产生的 5. 425 亿吨有机废弃物，经厌氧消化可产生 255. 3 亿 m^3 的沼气和 8 819万吨生物肥料，将对农业可持续发展、森林保护和公共卫生产生重大影响。

（4）北非。

埃及：

1935 年，埃及在亚历山大省建成了第一座沼气池，1956 年在开罗省建了第二座。沼气技术的诸多好处引起了埃及科学家和农村养殖农户的兴趣。1980 年，埃及农业研究中心、埃及农业部、埃及国家研究中心、埃及科学研究和技术学院以及法尤姆省和开罗大学农业学院开始联合实施农村沼气发展项目，在三角洲地区设立农业废弃物处理和沼气技术培训中心，开展研究、培训和可行性研究，承担沼气池的建设、跟踪和维护，池型多为 10~15m^3，并在农户中推广沼肥施用，以提高作物产量（图 4-32）。

埃及沼气发展的阻力来自于多方面，一是农户畜禽养殖数偏低，大多养殖 2~4 头牛，沼气装置成本较高，农户的技术和知识水平较低，且政府还支持其他能源的开发利用。

图 4-32　埃及户用沼气池

（5）中非。

喀麦隆：

喀麦隆的电力供应主要来自该国的三大水力发电厂，拥有中部非洲第二大水力发电潜力，但全国只有 20%的人口能享受国家电网供电。除了水力发电外，喀麦隆还拥有充足的阳光、各种生物质和天然气资源，但开发有限，因此 99%的农村人口依靠薪柴等传统生物质资源做饭，这对民众健康造成了严重影响。

鉴于此，喀麦隆政府实施了户用沼气池建设项目。该项目由喀麦隆国家统计局、水利能源部发起，2010 年开展了沼气建设的可行性研究，建造了 105 个户用沼气池，并对其可行性进行了论证。2012 年，举办了一次全国沼气讲习班，激发了全国沼气市场的活力。到 2013 年，已安装了 206 个沼气池，开展了多项研究和宣传活动，对户用沼气池的结构进行了改良，降低建造成本，延长使用寿命，推广沼肥利用，挖掘沼气的商业化用途，并对沼气技术工和管理人员进行了培训。

喀麦隆具有巨大的可再生能源潜力，然而，政府没有明确的可再生能源政府政策，造成可再生能源发展缓慢。政府的导向和民众的热情是行业发展的重要因素。

3. 大洋洲地区

大洋洲地区的海岛国家深受全球性气候变化困扰，海平面上升、环境恶化，成为大洋洲众岛国普遍关切的问题。因此，身处大洋洲的小国为了自身的生存发展，成为缓解环境和能源危机的积极探索者。

密克罗尼西亚：

密克罗尼西亚政府为应对气候变化，倡导社区和居民减少人为活动，实施可持续发展。

密克罗尼西亚自 2009 年开始引进固定拱盖式户用沼气池技术，目前有 40 余座处于运行状态。位于波纳佩的中国试验农场负责密克罗尼西亚全国的沼气池维护管理，密克罗尼西亚政府进行可行性成本分析，比较了沼气池与污水处理系统，将沼气池技术作为污水处理的替代方案纳入未来的公用事业计划。因大洋洲岛国属于环礁地势，沼气池建材可采用软体和玻璃钢建造，运输和建设方便，机动性强。

萨摩亚：

萨摩亚人口仅 20 万人，能源匮乏，受气候变化困扰。禽畜养殖规模小，以养猪为例，最大的猪场仅有种猪 200 头，大多数养殖户的饲养量为 5~10 头。在国际组织援助下，萨摩亚实施了一些沼气项目，已建砖混、玻璃钢沼气池 30 多座。其中包括联合国开发计划署支持下的全球环境基金项目“多部门管理下的萨摩亚重要景观美化”，其子项目“通过重要景观美化管理开展可持续农业实践”委托农业农村部沼气科学研究所承担，于 2018 年建设了 21 套玻璃钢沼气池，并为当地技术员实施了现场培训，实现了一池三改，起到了良好的示范作用，受到当地农户的普遍关注，计划于 2019 年实施第二期。同时，萨摩亚政府还拨出转款，针对养殖户建设沼气池对外招标。

五、户用沼气池发展受制约的主要因素

户用沼气池在发展中国家的普及程度不同，有的国家才刚起步，有的国家已研究开发了适合当地的池型和技术，但从制约户用沼气推广的因素来看，除了个别国家存在特

殊情况以外，大多数国家具有相似性，包括技术水平、资金和政策支持、社会文化影响等（图 4-33）。

图 4-33　中国农业农村部沼气科学研究所 2018 年在萨摩亚开展“一池三改”，改厨改厕改圈

1. 成本制约

沼气建设、运行与维护是个长期的工程，需要可持续的资金投入，包括建材、人工、设备等。完全不依赖政府和国际组织援助的情况下，是否建得起、用得起是农户的首要考虑。另外，目前大多数户用沼气池采用水压式和浮罩式两种，可流动性差，所以农户在决定建池前，需考虑土地的所有权，以便确定沼气池的长期拥有权，并以土地作为抵押申请银行贷款，用于支付沼气池的建设。

2. 发酵原料的供应

发展中国家的家畜养殖方式多以散养为主，沼气发酵原料主要是人工收集的粪便以及农作物秸秆等，因此沼气发酵原料不易收集，且受养殖和种植情况影响较大。

3. 政府支持

沼气技术的推广离不开政府的资金和政策支持，发展中国家因自身经济力量薄弱，缺乏对沼气建设的激励机制，以及相关的政策扶持，仅依靠外来援助，难以解决大面积的需求。

第二节　沼气工程

一、欧洲

欧洲沼气工程发展始于 20 世纪 70 年代，经过近 50 年的发展，相比于其他地区，欧洲沼气工程的工艺、技术和装备应用最为成熟，在能源政策、原料供给、沼气产品利用和自动控制等方面都走在世界的前列。其技术先进性主要体现在：第一，原料混合发酵，产气率高；第二，工艺成熟统一，热电联产，效益高；第三，自动控制，操作管理便捷；第四，发酵残余物能充分还田利用，实现种养循环。据欧洲沼气协会统计（欧盟28个国家数据），截至2016年年底，欧洲沼气工程的数量为17 662处，年产沼气181 565GWh（无详细统计数据，据欧洲沼气协会估算），沼气发电机装机容量9 985MW，年发电量62 704kWh。生物天然气工程503处，年产生物甲烷量17 264GWh。下面选取沼气发展规模较大以及有特点的7个欧洲国家分别介绍其沼气工程发展情况。

1. 德国

德国是欧盟沼气产量最大的国家，也是发展中小型农场沼气工程的典型代表。据德国沼气协会统计，截至2016年底，德国有10 849座沼气工程，占有统计的全欧洲沼气工程数量的61%。沼气发电机总装机容量4 635MW，占全欧洲沼气发电机总装机容量的约29%。据欧洲沼气协会估算，2015年德国工程总沼气产量约为91 300GWh。

近30年来，德国沼气工程的快速发展主要得益于能源政策的刺激。1991年，德国出台了《可再生能源发电向电网供电法》，这是德国第一次对可再生能源进行明确立法。后因《电力上网法》只对风能起到明显推动作用，与社会发展状况出现矛盾，德国政府于2000年4月1日颁布了《可再生能源法》（EEG）。《可再生能源法》是德国第一部为可再生能源制定的专门法律，主要目标是在促进能源供应可持续发展及保护气候与环境的宗旨下，推进德国可再生能源电力及配套发电技术的发展。

在沼气方面，《可再生能源法》对沼气发电并网、入网管理、电价计算、补贴类型、沼气处理以及热回收与供应等项目环节做出了明确而兼备很强可操作性的规定。核心是制定了精细的上网电价，规定了沼气发电业主和电网运营商各自所应承担的义务，保障了可再生能源电力的长期稳定发展。因此，德国沼气工程所产生的沼气超过90%都用于发电。

到2014年，《可再生能源法》根据沼气工程的发展情况共进行了四次修订。在沼气方面，2004年的第一次修订，大幅提高了对小型沼气工程发电的基本补贴，并首次将能源作物原料纳入补贴范围，这使得当时德国约90%的沼气工程采用能源作物作为主要发酵原料，能源作物种植面积迅速增加，用于生产沼气的能源作物种植面积占德国能源作物总种植面积的35%~55%。2009年的第二次修订，规定对使用原料为至少30%畜禽粪便的小型沼气发电站给予额外补贴，同时提高了对以能源作物等为原料及开展热电联产等热利用方式的补贴，由于上网电价补贴提高，2009—2011年德国新增沼气站数量和装机容量均达到历史峰值，2012年能源作物的种植面积达到约240万hm^2，已占当年德国全国耕地面积的14.2%左右。2012年第三次修订的《可再生能源法》颁布，能源作物原料的补贴低于粪便、秸秆原料的补贴，鼓励使用混合原料。同时，还要求在使用能源作物，特别是青贮玉米为原料时，其最大质量百分比不能超过60%。运行无余热利用功能的沼气发电工程，粪便进料量必须占总进料量60%才能得到补贴。增加了小装机容量，以畜禽粪便为主要原料的小型沼气工程的发电补贴。首次引入直接售电的市场溢价奖励机制，开始引导沼气发电市场化。第三次的修订遏制了以能源作物为主要原料的沼气工程发展速度。因此，2012—2013 年德国新增沼气发电站数量和装机容量均出现大幅回落，2013 年能源作物种植面积也比上年下降约 6%。因 2009—2011 年沼气工程的大量建设，2012—2014 年沼气发电量急剧上升，市场化的推进导致电力批发市场交易价格大幅下降，造成部分沼气发电站运营出现亏损。2014 年《可再生能源法》进行了第四次修订，下调了全部沼气工程发电的基本补贴，取消了对以能源作物为原料发电的上网电价补贴，沼气提纯补贴和景观绿化废弃物补贴等，对畜禽粪便为主要原料发电的小型沼气工程的高额补贴项目予以保留，进一步打击了能源作物的使用。另外，还引入了强制直接营销机制，要求 2014 年 8 月 1 日后中型以上沼气发电站所发电力必须直接进入市场，进一步推动了沼气发电的市场化进程。从短期来看，这造成了沼气工程建设速度减慢，但长远看德国沼气发电业主们不再寻求新建沼气工程，而是主动对现有工程进行技术提升改进以提高效率，在现有发电能力上根据市场盈利情况或期货数值等进行合理扩产，合理安排种植能源作物。德国颁布和实施《可再生能源法》是世界可再生能源立法领域的成功案例，通过前几次次修订，德国的沼气工程及沼气发电量发展迅速。第四次修订之后，德国沼气工程的数量和装机容量的增长率趋于平缓（图 4-34）。

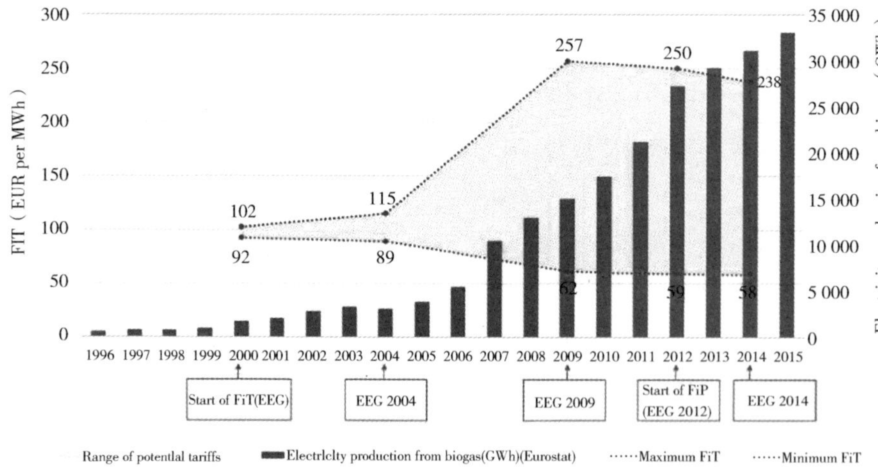

图 4-34　德国沼气发电量随能源政策的变化情况

工艺技术方面，2016 年德国接近 85%的沼气工程采用农业废弃物作为发酵原料，总发电量中接近 95%来自于农业废弃物作为发酵原料产生的沼气发电（图 4-35）。经过《可再生能源法》的四次修订，能源作物作为发酵原料的比例已经下降到 2016 年的 51.2%，包括畜禽粪便在内的农业废弃物的比例上升到 41.4%，其余还有餐厨垃圾、生活垃圾等。德国农场沼气工程进液 TS 浓度一般在 10%左右，大约 90%的沼气工程发酵装置是立式罐，立式发酵罐采用完全混合式工艺。卧式发酵罐主要用于小工程或高固体含量的原料，卧式发酵罐采用推流式工艺，约占沼气工程的 4%。德国 90%的沼气工程采用中温发酵，大约 9%采用高温发酵。另外，德国在原料输送装置、混合搅拌装置、沼渣沼液利用装备方面处在世界领先地位。

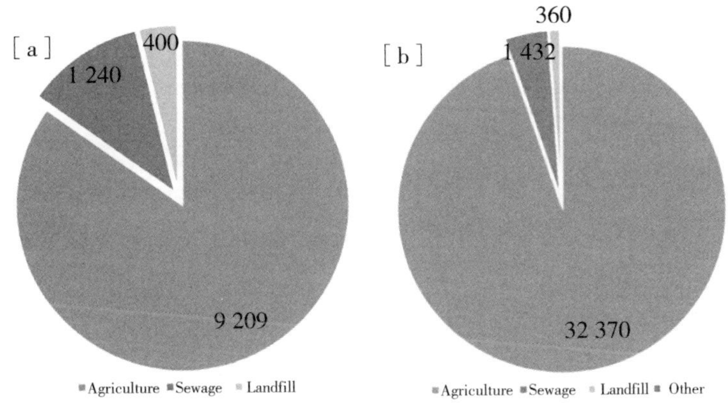

图 4-35　德国沼气工程原料的来源［a］以沼气工程数量计算（处）
［b］以沼气发电量计算（GWh）

2. 英国

以前英国是欧洲生产与利用沼气最多的国家，2006 年这一位置被德国取代。但人均沼气产量在欧洲仍然名列前茅。从 2016 年发电量看，英国是欧洲沼气发展规模第二大的国家。据英国厌氧消化和生物资源协会统计，2016 年英国有沼气工程 564 处，据估算，沼气年产量 17 791GWh（2015 年数据），沼气发电机装机容量 1 543MW（图 4-36）。

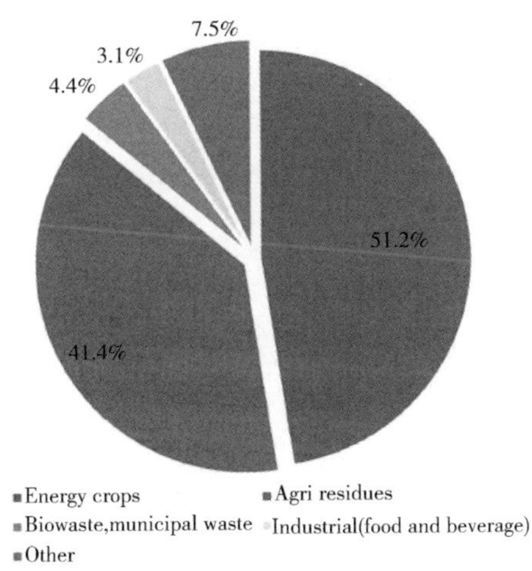

图 4-36　德国沼气工程各类农业类发酵原料所占比例

1989年，英国即要求电力供应公司的新增装机容量必须有一定比例的非化石能源，这间接地促进了沼气发电工程的发展。2002年英国开始实行绿色证书系统《可再生能源义务证书系统》，该系统要求电力供应商逐年增加可再生能源发电的份额，从2002—2003年的3%到2003—2004年的4.3%、2004—2005年的4.9%、2005—2006年的5.5%，计划在2026—2027年达到15.4%。在该系统中，沼气是最具代表性的可再生能源。对厌氧消化生产沼气，主要有3方面的激励机制：第一，对沼气项目的研究、开发、示范项目进行支持。可再生能源项目覆盖了沼气产业的几乎所有类别：农场沼气工程、填埋气利用、市政垃圾厌氧消化、工业有机废水厌氧消化。第二，对农场沼气工程、填埋气利用、市政垃圾厌氧消化、工业有机废水厌氧消化工程的沼气发电，非化石燃料义务项目（NFFO）提供上网电价补贴。第三，通过增加废弃物生产者许可证、增加填埋税、填埋标准等措施提高废弃物处置管理费用。2008年，新能源补贴政策引入英国，随着2010年能源法案的颁布而生效。2011年可再生热能刺激政策实施，2013年的电力市场改革，这些政策都间接地刺激了沼气工程的发展。

技术方面，与德国明显不同的是，英国沼气工程的原料来源并不单一，以沼气工程数量看，约38%的沼气工程采用农业废弃物作为发酵原料，约28%的沼气工程采用污水作为发酵原料，约13%的沼气工程采用垃圾作为发酵原料（收集垃圾填埋气）（图4-37）。从发电量方面看，超过64%的发电量来自垃圾产生的沼气发电（收集垃圾填埋气）（图4-38），这与德国的情况明显不同。

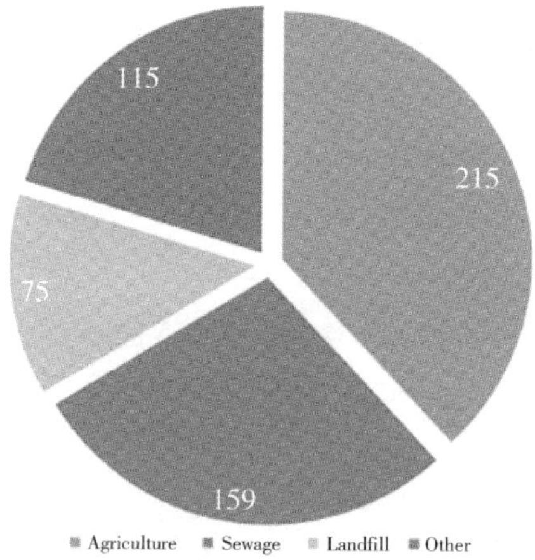

图4-37 英国沼气工程原料的来源以沼气工程数量计算（处）

3. 意大利

根据欧洲沼气协会2016年的统计，意大利沼气工程共有1 555处，是欧洲沼气工程数量第二多的国家。2016年沼气发电量9 368GWh，装机容量1 171MW，是欧洲沼气发电量和装机容量第三多的国家。

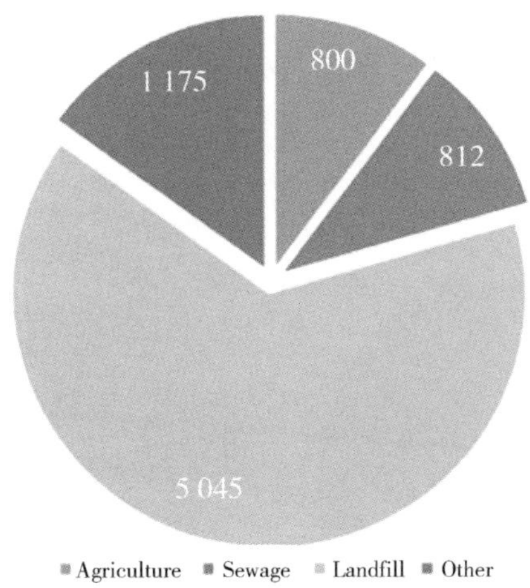

图 4-38　英国沼气工程原料的来源以沼气发电量计算（GWh）

意大利自 20 世纪 90 年代开始发展农业沼气工程，1999 年，绿色证书系统引入，要求能源供给公司提供的能源中有 2%的可再生能源，这促使沼气工程数量增加。2008 年，一个支持沼气发电的政策在意大利出台，政策规定对小型可再生能源发电厂可以得到 180~280 欧元/MWh 的补贴，这促进了 2008—2015 年意大利沼气发电量的大幅度增长（图 4-39）。2012 年，新能源政策对可再生能源发电 1kW~5MW 装机容量的发电厂给予 109~236 欧元/MWh 的补贴。2017 年补贴政策的装机容量范围修改为 1~500kW，补贴额度修改为 85~233 欧元/MWh。基于补贴范围的缩小和补贴额度的降低，2013 年以后沼气发电量的增速减慢（图 4-39）。

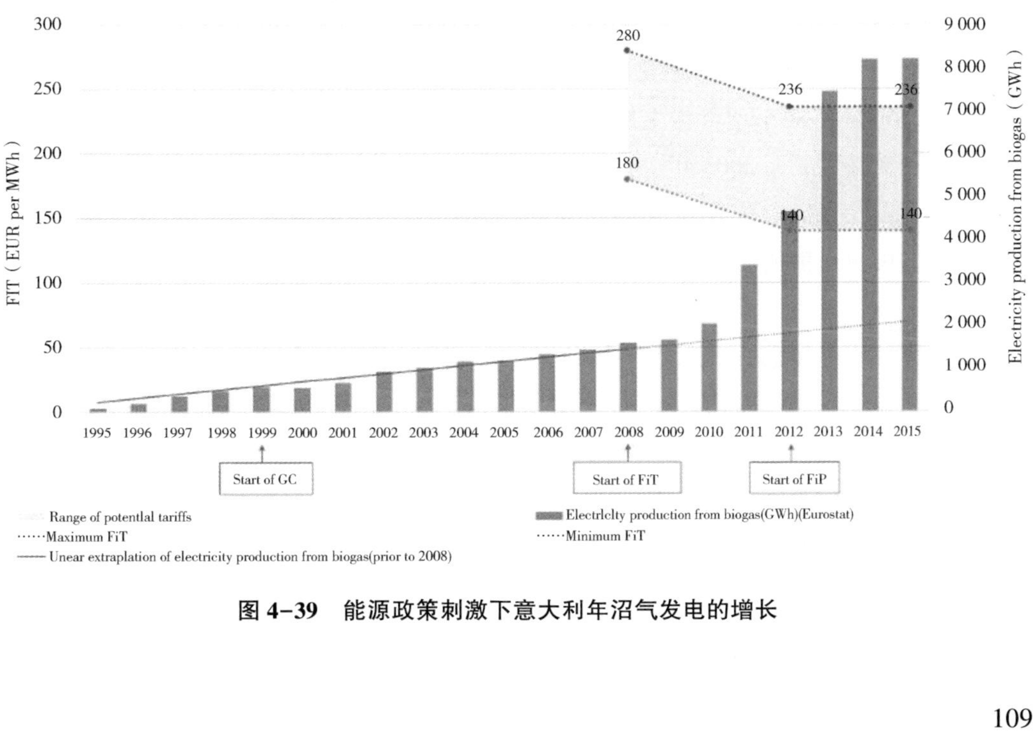

图 4-39　能源政策刺激下意大利年沼气发电的增长

意大利沼气工程的发酵原料主要来自于农业领域，使用农业原料的沼气工程数量占总数量的 81%，从发电量看，近 75%的发电量来自于农业领域原料产生的沼气发电（图 4-40）。

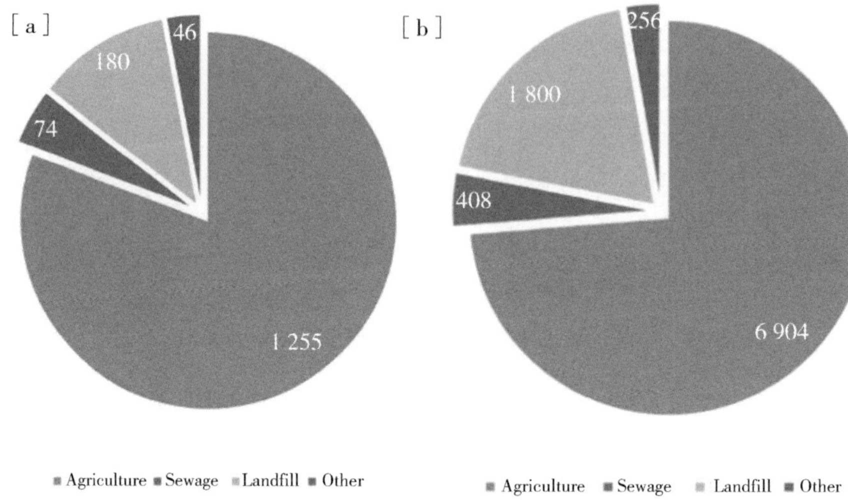

图 4-40　意大利沼气工程原料的来源［a］以沼气工程数量计算（处）［b］以沼气发电量计算（GWh）

4. 瑞典

根据欧洲沼气协会 2016 年的统计，截至 2016 年底，瑞典有沼气工程 278 处，年产沼气 2 018GWh。

瑞典自 1991 年开始对二氧化碳和含硫化合物的排放征税，间接地促进了可再生能源的发展，1994 年对小型可再生能源发电厂给予免税政策。1997 年，瑞典通过了可再生能源投资支持项目。2003 年，瑞典开始实行绿色证书系统，绿色证书系统还与可再生能源配额以及投资、税收政策结合使用，进一步促进了该国沼气技术的发展。2012 年，瑞典的可再生能源绿色证书系统与挪威的绿色证书系统合并。

在技术方面，由于瑞典沼气发电的竞争力与其他清洁能源相比较弱，因此主要选择的是沼气提纯压缩运输，并入天然气管网-车用燃料的高值化商业模式。目前瑞典 1/4 的公共汽车、斯德哥尔摩约 60%的出租车使用的是压缩生物天然气能源，压缩生物天然气加气站遍布全国。可以说，车用生物天然气是瑞典沼气技术利用的一大特色。另外，瑞典有接近一半的沼气工程采用有机废水作为发酵原料，若以沼气产量计，则 74%的沼气产量来自于有机废水发酵（图 4-41），这也是瑞典沼气工程与别国不同之处之一。

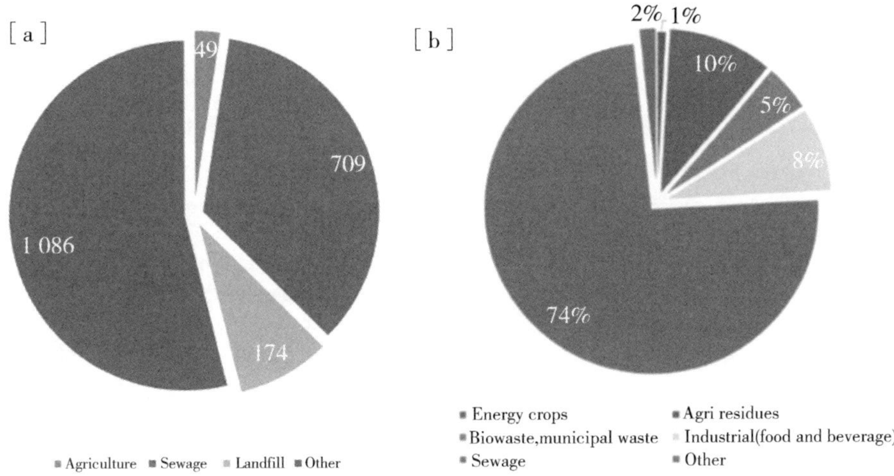

图 4-41 瑞典沼气工程原料的来源［a］以沼气工程数量计算（处）［b］以沼气产量计算

5. 丹麦

丹麦是欧洲畜牧业大国，20 世纪 70 年代中期第一次石油危机之后即开始建设沼气工程处理养殖废弃物，第一座规模化沼气工程建于 1975 年。20 世纪 80 年代初，鉴于农场式沼气工程发展的经验教训，丹麦农业经济研究人员提出沼气建设模式向集中式沼气工程模式发展，1984 年在北日德兰郡实施“村落能源计划”项目，在 Vester Hjermitslev 村建设了第一座集中处理畜禽粪污的沼气工程。集中式沼气工程模式由丹麦首次提出，核心是将分散的畜禽粪污集中收集进行沼气发酵处理，对其沼气行业发展影响深远。1988 年“村落能源计划”升级为“沼气行动项目”，为投资沼气工程建设的业主提供高达 40%的补贴和低息贷款，对所有建成沼气工程进行监测管理。沼气行动项目实施期间是集中式沼气工程发展最快的时期。1999 年丹麦通过《丹麦能源改革法》，计划在 2003 年后将沼气发电上网电价由固定电价调整为随市场行情变化的浮动电价。基于对可再生能源电价不稳定的担忧，丹麦的沼气工程数量增长趋于停滞，甚至 2011—2016 年沼气工程数量减少了 40 处。相对于农场沼气工程和污水处理沼气工程，集中式沼气工程数量仍较少，但其沼气产量占到总产量的 45%，是丹麦沼气产业的主要组成部分。2016 年底，丹麦有沼气工程 156 处，年沼气产量 2 085GWh，沼气发电机装机容量 77MW。

6. 奥地利

过去 20 年，奥地利沼气技术得到了显著的发展。2002 年奥地利制定了《绿色电力法》，鼓励建设以能源作物和畜禽粪便为主要原料的沼气工程，不鼓励以有机废弃物为主要原料的沼气工程，含有有机废弃物的沼气工程，上网电价比消化能源植物与畜禽粪便的沼气工程低 25%；对 2004 年底取得许可，以及 2006 年中期运行的所有生物质能工程；对沼气工程，国家没有财政支持，在特定条件下，联邦州政府和环境部对小型农场沼气工程给予支持。由于政策的刺激，2001—2002 年，奥地利沼气工程数量翻倍。2003—2005 年新建了 100 多座沼气工程，其中 15.5%的工程，发电装机小于 100kW；72% 在 100~500kW 之间；大于 500kW 的占 12.5%。大约 50 座新建沼气工程在 2005 年运行，平均装机 500kW。年沼气发电量也由 2004 年的 59GWh 迅速增长到 2008 年的 178GWh，2009 年以后，年沼气工程发展趋于平稳。到 2016 年，奥地利运行沼气工程 423 处，沼气产量 1 485GWh，沼气发电机装机容量 83.3MW。2017 年，对于采用 60% 以上的农业废弃物作为发酵原料且 30%的沼渣有机肥来源于动物粪便发酵的沼气工程给予 123.8~184.8 欧元/MWh 的补贴，如果采用热电联产机组，每 MWh 的电再给予 20 欧元的补贴。对于市政污泥和有机垃圾产生的沼气发电分别给予 57.1 欧元/MWh 和 47.5 欧元/MWh 的补贴。

7. 法国

在欧洲沼气协会 1990 年有统计时，法国即开始发展沼气发电工程，但彼时的年沼气发电量仅有 72GWh。2000 年，可再生能源补贴政策引入法国。政策的最初版本规定政府对沼气发电上网补贴 61~91.5 欧元/MWh（垃圾填埋气发电补贴为 45~57.2 欧元/MWh），装机容量小于 12MW 的沼气工程可以享受 15 年的补贴。之后，法国补贴多次修订，例如，2006 年补贴政策的第三版公布了新的上网电价，新上网电价的颁布是法国沼气发展的重要转折点。新电价的执行期为 15 年。并且简化了上网手续和上网技术更方便易行。2017 年，上网电价补贴为 150（装机容量大于 500kW）~175（装机容量小于 80kW）欧元/MWh，如果发酵原料中有超过 60%的畜禽粪便，补贴在上述基础之上再提高 50 欧元/MWh。正因为持续稳定的政府扶持政策，法国是 2015 年之后欧洲国家中为数较少的沼气工程数量和沼气发电量仍保持快速增长的国家。2016 年底，法国有沼气工程 873 处，沼气发电机装机容量 393MW。

技术方面，与中欧、北欧国家不同，法国较少采用能源植物和粪便生产沼气。法国沼气生产相对稳定，大部分沼气来自填埋气（沼气发电机装机容量的 66%用于填埋气领域）、市政和工业废水发酵。

二、北美

北美的沼气发展主要以美国为例介绍。第一次能源危机后，美国以生产能源为主要目的，大约建造了 140 座沼气工程。但由于设计不规范、安装不合理、管理不善等问题，很多已报废或停止使用。2000 年以后，迫于环境保护的压力，为实现节能减排，美国农业部（USDA）、美国环境保护署（EPA）、美国能源部（DOE）共同推出AgSTAR项目，建立沼气项目发展服务管理平台，提供沼气工程建设的政策、法律、技术、设备和市场服务信息。美国联邦政府和各州也设立鼓励发展沼气工程的项目并提供财政支持。因此，养殖场沼气工程数量和沼气能源产量大幅增长，2014年之后，沼气工程数量和沼气能源产量趋于稳定（图4-42、图4-43）。据EPA统计，2018年全美正常运行的处理养殖废弃物的沼气工程有253处，这其中有203处工程采用奶牛粪便作为发酵原料，44处采用猪粪作为发酵原料，7处采用家禽粪便作为发酵原料，8处采用肉牛粪便作为发酵原料（有些沼气工程利用的一种以上的发酵原料，所以总数量大于253处）。但是EPA估计，全美的养殖场沼气工程潜力超过8 000处，其中约66%为养猪场沼气工程潜力。所以，美国养殖场特别是养猪场沼气工程还有很大的发展空间。2017年，美国养殖场沼气工程发电量1 040GWh，另有小部分不发电的沼气工程产生沼气能源39GWh。

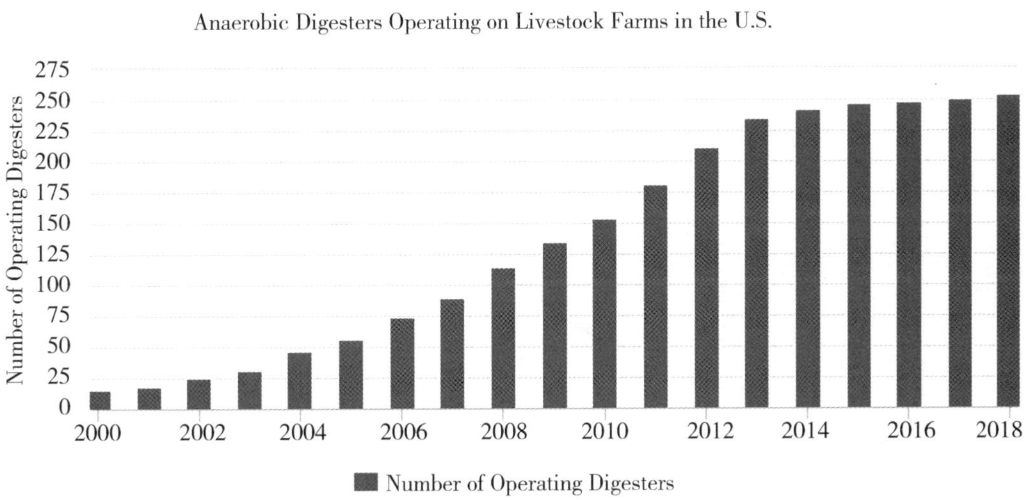

图4-42 美国运行中的养殖场沼气工程数量

从沼气的用途方面看（图4-44），热电联产是最主要的应用方式，有125处，占比接近50%；其次是发电，有90处，占比约35%；其余用途还有用作灶和锅炉的燃料、生产压缩天然气、管道输送、火焰燃烧器燃烧等。进入21世纪后，可再生能源政策的实施促进了热电联产和发电的沼气工程数量大幅度增长。

沼气发酵装置的工艺方面，42%的沼气工程采用推流式发酵工艺，35%的沼气工程采用完全混合式厌氧消化工艺，17%的沼气工程采用覆膜式氧化塘，另外还有少量的厌氧序批式反应器、厌氧固定生物膜反应器等。

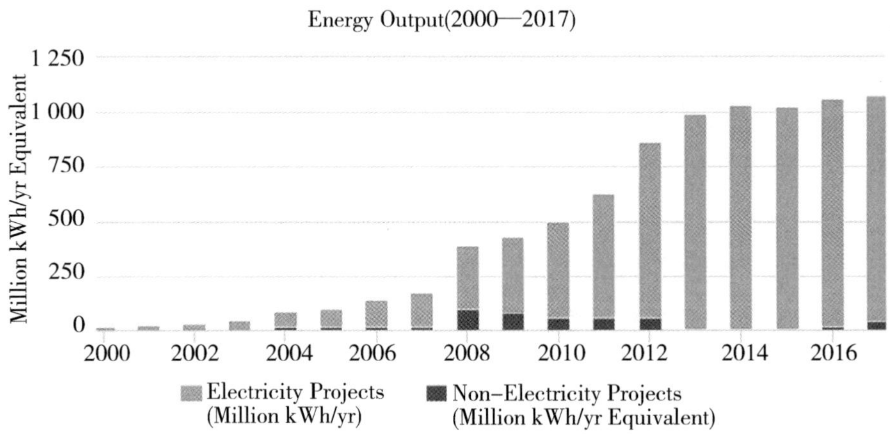

图 4-43 美国养殖场沼气工程能源产生量

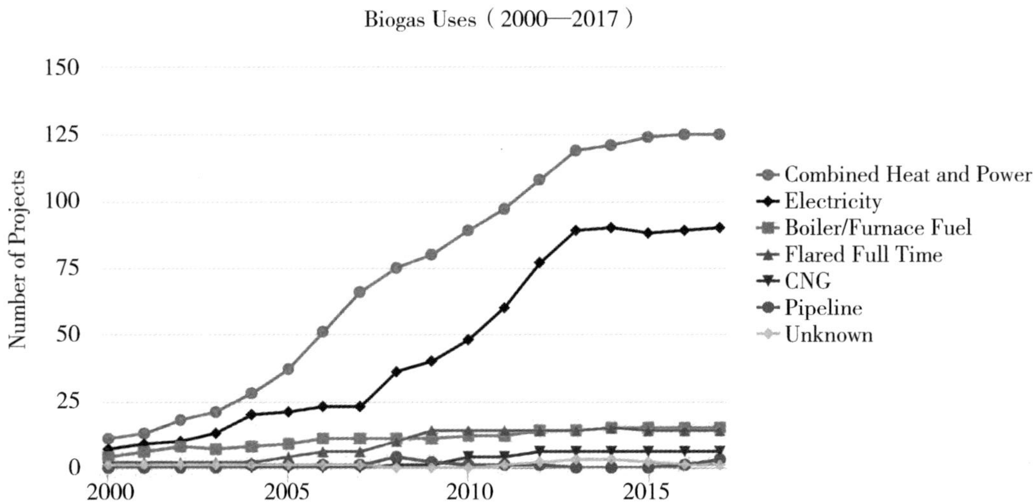

图 4-44 美国养殖场沼气工程生产的沼气用途发展趋势

三、亚洲

1. 印度

印度是亚洲沼气发展较早、也较好的国家。作为一个能源净进口国，20 世纪 70 年代石油危机之后，印度即出台了一些政策来扶持沼气技术的发展。1981 年，印度第一个国家层面的沼气项目（NPBD）颁布实施，国家对小型沼气工程的安装建设给予一部分补贴。1995 年，国家开始支持从市政、工业和农业废弃物中回收能源的项目。2006

年，印度新能源和可再生能源部将 NPBD 修改为“国家沼气和粪便管理项目”（NBMMP）。同年，为促进偏远地区分散式电能供给，印度新能源和可再生能源部启动非上网沼气发电项目（3~250kW），财政资金主要给予国有或私人企业建设沼气发电或电与生物天然气联产项目。2016 年，印度中央政府实施了新的税收政策，促使电力生产企业大规模利用废弃物生产电能。在政策的引导下，印度的沼气工程建设取得了一定的成绩，但据资料反映，在经济效益、社会文化、技术和施工水平等方面还存在一定的发展问题。

2. 日本

日本的沼气建设、厌氧消化技术的研究已有多年历史，污泥厌氧消化技术在日本的应用要追溯到 1932 年日本第一座污泥厌氧消化池在名古屋开始投入运行；随后在东京、大阪和京都等地陆续开始建设；二战期间，日本开始研究沼气提纯作为汽车燃料；在 20 世纪 70 和 80 年代日本出现能源危机时，日本政府更为重视沼气工程的建设；日本国会在 2002 年通过了《日本生物质综合战略》，其中明确提出要开发厌氧消化等对含水率较高的生物质转化成能源的技术。受此政策的影响，来厌氧消化技术处理有机废水和有机废弃物在日本越来越普及。目前，虽没有专门的管理沼气工程机构，但有关大学、科研单位都在进行研究，它们申报的研究项目政府部门一般均能批准，文部省、农林水产省、通产省、建设省等提供资助。能源资源研究会、水质研究会、微生物学会、农业工程学会、太阳能利用学会、畜产学会、环境学会、化学检验学会、发酵工业学会及卫生工学会等都把沼气作为自己的学术内容之一。

据日本经济产业省出台的最新数据，沼气燃料电池市场规模到 2010 年将达到 10 000 亿日元，到 2020 年达到 80 000 亿日元，成为日本的支柱产业。日本主要利用垃圾、粪便、食品垃圾等作为生物质发电，以解决环境污染和能源紧缺的问题。根据国际能源署（IEA）2010 年统计数据，2008 年和 2009 年日本沼气产量如表 4-5。

表 4-5　源于可再生能源的贡献和发电量

年份	2008	2009
主要能源供应总量（Ktoe）	495 838	473 685
沼气能源的贡献（Ktoe）	128	97
沼气/液体生物质能发电量（GWh）	15 079	11 842

注：Ktoe 为千万吨石油当量，1 吨石油当量相当于 2 000m^3沼气

一些日本农民已经开始利用沼发酵气技术将动物粪便和其他废弃物转化为利益。但与可再生能源（如太阳能或风能）相比，沼气工程的启动建设需要相当大的初始金融

支出。然而，日本地方政府对沼气发电技术非常重视，因为它既可以解决牲畜粪污的染污，又可以提供能源。据日本中央政府自然资源和能源局统计，截至 2016 年 11 月，日本全国共有 179 个沼气发电项目得到认证，其中 85 个设施已开始运营。

沼气工程在日本主要用于城市污水处理上。在 20 世纪 60 年代和 70 年代，随着污水网在日本的迅速普及和铺设，厌氧消化技术在城镇污水处理厂得到了广泛应用，其间大约有 180 座城镇污水处理厂采用厌氧消化技术处理污泥。但是，据日本环境省资料，厌氧处理污水设施的数量在逐年下降。这是因为，焚烧已经成为污泥处理的支柱，许多主要的污水处理厂都没有沼气池；厌氧消化降低了污泥的热量，它导致需要增加更多的燃料用于焚烧。

以畜禽粪便为主要原料的沼气工程在日本近年来得到普及和推广。根据新能源产业技术综合研究机构 2005 年的统计，日本有 70 座以粪便为主要原料的沼气工程这其中有 66%的沼气工程在北海道。李玉友等在其 2010 年发表的论文中给出了 2005 年日本以畜禽粪便为原料的沼气工程的分布图。2005 年日本畜禽粪污沼气工程运行情况统计。

3. 东南亚

在 20 世纪 70 年代末期东南亚一些国家就出台一些政策用以强化环境污染治理。此后，针对可再生能源生产和温室气体减排两方面效益，东南亚部分国家也颁布了一些刺激政策。这些政策都间接地支持了沼气技术的推广应用。近些年，在欧洲沼气工程发展进入稳定后，东南亚逐渐成为沼气工程发展的新兴市场。技术方面，农业废弃物仍然是东南亚国家沼气工程最主要的发酵原料，其中畜禽粪便占比很大。另外，东南亚国家中印度尼西亚的棕榈油产量常年占世界总产量的一半左右，马来西亚棕榈油产量占世界 1/3 左右，因此棕榈油在东南亚地区也是一种重要的发酵原料。从发酵装置种类方面看，东南亚大量沼气工程采用覆膜式氧化塘作为沼气发酵装置，还有与欧洲类似的产气贮气一体化发酵装置。相对于欧洲、中国的沼气市场，还处在快速发展的初期，预计将来沼气工程数量和沼气产品的产量将有迅速的发展。

四、拉美

虽然拉美国家发展沼气技术也较早，但长期以来主要以户用沼气池建设为主，沼气工程的数量较少，这里以巴西和阿根廷两个国家为例，介绍沼气工程在拉美国家的发展情况。

1. 巴西

根据巴西国家沼气注册机构统计，2015 年巴西有沼气工程 127 处，这些沼气工程每天可以产生沼气约 164 万 m^3。此外，还有 22 处沼气工程正在计划或建设中，有 10 处沼气工程正在改造。技术方面，正在运行的沼气工程中，有47%采用农业废弃物作为发酵原料，34%采用工业废弃物作为发酵原料。但若以产生沼气的发酵来源看，则43%的沼气来自有机垃圾的发酵，29%来自农业废弃物，22%来自工业废弃物（表4-6）。沼气的用途方面，49%的沼气工程产生的沼气主要用作燃料，44%的沼气工程产生的沼气用作发电。然而约65%的沼气用作发电，31.3%的沼气用作燃料。此外，还有部分沼气用作生产机械能或生物天然气（表4-7）。据专业机构估算，巴西的沼气发展潜力巨大，无论农业废弃物、工业废弃物、有机垃圾等原料，其沼气产量和沼气发电机装机容量发展潜力均为现有数量的10倍以上。

表4-6 巴西沼气工程发酵原料来源

原料类型	沼气工程数量	占比（%）	沼气产量（m^3/d）	占比（%）
市政污泥	7	5	85 052	5
混合原料	8	6	13 905	1
农业废弃物	60	47	469 038	29
工业废弃物	43	34	368 206	22
有机垃圾	9	7	705 190	43
合计	127		1 641 391	

表4-7 巴西沼气工程产生的沼气主要用途

沼气用途	沼气工程数量	占比（%）	沼气产量（m^3/d）	占比（%）
沼气发电	56	44	1 075 626	65.5
燃料	62	49	513 507	31.3
转化机械能	6	5	45 377	2.8
生物天然气	3	2	6 880	0.4
合计	127		1 641 391	

2. 阿根廷

在阿根廷，沼气技术发展已有20余年。2000年以后，阿根廷政府对可再生能源生产、温室气体减排和环境污染治理方面出台了一些刺激政策，这些政策也促进了沼气工程的建设和沼气的大规模利用。但是相对于巨大的沼气生产潜力，沼气的发展还没有达到成熟的阶段。这里有技术水平的因素，也有与能源价格相关的经济因素。根据国际工业技术研究所的一项研究统计，2016年阿根廷有不同规模、不同技术水平、不同用途的沼气工程109处。对其中62处沼气工程调研，有33处工程为企业投资建设，25处为政府投资建设，其余为非政府组织投资建设。采用工业废弃物作为发酵原料的沼气工程数量最多，有24处，占38%；17处沼气工程采用市政废弃物作为发酵原料，占28%；16处沼气工程采用畜禽养殖废弃物作为发酵原料，占27%；另有少量沼气工程采用农作物秸秆和其他生物质作为发酵原料。对62处沼气工程的沼气用途分析表明，有27处沼气工程产生的沼气用作燃料，2处沼气工程沼气用作发电，7处沼气工程的沼气一部分发电一部分用作燃料，另有26处沼气工程产生的沼气没有被利用。

五、非洲

非洲一些国家仍然存在能源短缺、环境污染严重的问题，所以在非洲发展沼气也有重要的意义。但非洲国家在建设沼气工程方面无论在技术和资金都有一定程度的欠缺，非洲国家沼气工程的建设主要受国际组织、非政府组织和其他国家的技术和资金支持。例如在突尼斯、坦桑尼亚、布基纳法索和埃及等非洲国家都有受中国政府或国际非政府组织支持的沼气工程。总体来说，非洲国家并没有政策直接支持沼气工程的发展，也没有大规模的发展沼气，现有沼气工程多为供给能源或治理污染的示范性项目。但非洲国家沼气工程从原料来源、能源需求等方面看都有较大的发展潜力。

参考文献

Cymana Mulinda，顾新娇，潘科，等 . 2013. 非洲沼气技术发展和潜力［J］. 中国沼气，31（1）.

刘英，胡启春，吴立斌 . 2003. 世界沼气技术研究与应用进展简述［J］. 中国沼气，21（增刊）.

张建新，朱汉斌 . 2018. 非洲的能源贫困与中非可再生能源合作［J］. 国际关系研究（6）.

Ashira Roopnarain，Rasheed Adeleke，Current status. 2017. Hurdles and future prospects of biogas digestion technology in Africa［J］. Renewable and Sustainable Energy Reviews，67（2017）1 162-1 179.

第三部分　未来发展

第五章　农业生物质能资源潜力

第一节　生物质能的概述

能源是人类生存与发展的重要物质基础，是国民经济的基本支撑。中国是能源消费大国，能源供应主要依靠煤炭、石油、天然气等化石能源。化石能源资源的有限性及其开发利用过程对环境生态造成的巨大压力，严重制约着经济社会的可持续发展，开发利用清洁的可再生能源已成为中国能源领域的一个紧迫课题。

生物质直接或间接来自于植物。广义地讲，生物质是一切直接或间接利用绿色植物进行光合作用而形成的有机物质，它包括世界上所有的动物、植物和微生物，以及由这些生物产生的排泄物和代谢物。而生物质能是地球上唯一一种既可储存又可运输的可再生资源，是太阳能的一种廉价储存方式；狭义地说，生物质是指来源于草本植物、藻类、树木和农作物的有机物质。作为一种可再生资源，它可以在较短的时间周期内重新生成。从生物学的角度来看，木质纤维生物质的构成是木质素、纤维素和半纤维素，而从物理和化学角度来看，生物质是由可燃质、无机物和水组成，主要含有 C、H、O 及极少量的 N、S 等元素，并含有灰分和水分。

生物质能是太阳能以化学能形式蕴藏在生物质中的一种能量形式，它直接或间接地来源于植物的光合作用，是以生物质为载体的能量。其作用过程如下：

光合作用

$$xCO_2+yH_2O \longrightarrow C_x\ (H_2O)_y+xO_2$$

煤、石油和天然气等化石能源也是由生物质能转变而来的。相比化石燃料而言，生物质能具有以下特点：

可再生性。生物质属于可再生资源。植物、微生物通过光合作用，形成生物质，将太阳能以化学能形式固定下来。随着植物体的生长或微生物的作用，生物质增加，其所蕴含、积累的能量也增多。因此，生物质能具有可再生性，与风能、水流电、太阳能同属可再生能源、资源丰富，可保证能源的永续利用。

低污染性。生物质含硫、含氮都较低，灰分含量也很少，燃烧后生成的 SO_x、NO_x 和灰尘排放量比化石燃料小得多，是一种清洁的燃料；生物质利用过程中具有二氧化碳零排放特性；由于生物质在生长时需要的 CO_2 相当于它排放的 CO_2 的量，因而对大气的 CO_2 净排放量近似于零，可有效降低温室效应。

广泛分布性。地球上，陆地、海洋都分布着大量的生物质，生物质能资源分布广泛、产量大、转化方式多种多样；但由于生物质的分布比较分散，收集运输和预处理的成本较高。

资源丰富性。生物质能是世界第四大能源，仅次于煤炭、石油和天然气。根据生物学家估算，地球陆地每年生产 1 000 亿~1 250亿吨生物质；海洋年生产 500 亿吨生物质。生物质能源的年生产量远远超过全世界总能源需求量，相当于目前世界总能耗的 10 倍。我国可开发为能源的生物质资源到 2010 年达到 3 亿吨。随着农林业的发展，特别是炭薪林的推广，生物质资源还将越来越多。

在世界能源消耗中，生物质能约占 14%，在不发达地区占 60%以上。生物质能的优点是燃烧容易，污染少，灰分较低；缺点是热值及热效率低，体积大而不易运输。生物质直接燃烧的热效率仅为 10%~30%，随着现代科技的发展，已有能力挖掘出生物质的潜力。通过对包括农作物、树木和其他植物及其残体、畜禽粪便、有机废弃物以及边缘性土地种植能源植物的加工，不仅能开发出燃料酒精、生物柴油等清洁能源，还能制造出生物塑料、聚乳酸等多种精细化工产品。世界上生物质能蕴藏量极大，仅地球上植物每年的生物质能产量就相当于目前人类消耗矿物能的 20 倍。生物质能既是可再生能源，又是无污染或低污染的清洁能源，因此，开发利用生物质能已成为解决全球能源问题和改善生态环境不可缺少的重要途径。

第二节　中国农业生物质能的资源分类

中国拥有丰富的生物质能资源，据测算，中国理论生物质能资源为 50 亿吨左右标准煤，是目前中国总能耗的 4 倍左右。中国农业生物质能资源主要包括农作物秸秆、农产品加工业副产物、畜禽粪便、能源作物等。

一、农作物秸秆

农作物秸秆是指在农业生产过程中，收获了稻谷、小麦、玉米等农作物以后，残留的不能食用的茎、叶等副产品，不包括地下部分。

二、农产品加工副产物

农产品在初加工过程产生的副产品来源于粮食加工厂、食品加工厂、制糖厂和酿酒厂等，主要包括稻壳、玉米芯、甘蔗渣等，但不包括麦麸、谷糠等其他精细加工的副产物。与田间秸秆相比，加工副产物有其自身的特点，由于是主要产品初步加工后的产物，副产物季节性表现相对较弱，产地相对集中，规模使用前的收集过程相对简单。

三、畜禽粪便

畜禽粪便是畜禽排泄物的总称，是其他形态生物质（主要是粮食、农作物秸秆和牧草等）的转化形式，包括畜禽排出的粪便、尿及其与垫草的混合物。

四、能源作物

能源作物是指经专门种植，用以提供能源原料的草本和木本植物。利用山地、荒地等未利用土地，选择适合当地生长条件的品种进行培育和繁殖，可获得高产能作物，并大规模地转化为燃料乙醇和生物柴油等液体燃料。

第三节　中国农业生物质能资源的资源总量

一、农作物秸秆

农作物秸秆资源量与农作物产量、农业生产条件和自然条件等因素有着密切关系。一般说来，农作物秸秆资源分布比较分散，直接计算其资源量比较困难。通常根据农作物产量和各种农作物的草谷比，大致估算出各种农作物秸秆的产量，即：

$$P=\sum_{i=1}^{n}\lambda_i \cdot P_i \tag{1}$$

公式（1）中，P 为某一地区秸秆的理论资源量，单位为万 t；P_i 为某一地区某种农作物的年产量，单位为万 t；i 为农作物的编号，$i=1, 2, \cdots, n$；λ_i 某一地区第 i 种农作物秸秆的草谷比。

草谷比指农作物秸秆等废弃物产量与农作物产量之比值，与农作物种类有关，不同种类的农作物秸秆其草谷比不同，草谷比的确定是秸秆产量计算的关键，本书主要根据参考文献获得各农作物秸秆的草谷比（表 5-1），各农作物的年产量采用中国统计年鉴网 2017 年发布的统计数据。采用公式（1）进行计算，得到中国主要农作物秸秆 2016 年的理论资源量（表 5-2）。

在实际的生产生活中，并不是所有的秸秆资源都是能被收集利用的，即使在收集运输过程中，也有可能造成枝叶掉落，或者囤积秸秆时会有部分秸秆损失、腐烂等，这些并不具有使用价值，因此应考虑到作物秸秆的可收集量。秸秆可收集资源量的定义是指在现阶段科技水平下，符合当前农作物收获的实际情况时，农作物秸秆的理论资源量与收获留茬，运输损耗等原因造成的不能利用的秸秆资源之差。秸秆的可收集量不同于秸秆的理论产生量，它是现实经济可获得的秸秆量，它受作物种类与收获方式等因素的影响，二者的比值为秸秆可收集系数。本书的秸秆可收集系数采用参考文献中的数据（表5-1），根据秸秆可收集系数和秸秆理论资源量可得到我国主要农作物秸秆的可收集量，结果见（表5-2）。

表 5-1　中国主要农作物的草谷比和可收集系数

农作物种类	粮食作物				油料作物				棉花	麻类	糖料作物	
	稻谷	小麦	玉米	豆类	薯类	花生	油菜	芝麻			甘蔗	甜菜
草谷比	1.00	1.17	2.00	1.50	0.50	1.14	2.87	2.01	2.91	1.90	0.20	0.43
可收集系数	0.83	0.83	0.83	0.88	0.80	0.85	0.85	0.85	0.90	0.87	0.88	0.88

表 5-2　中国主要农作物秸秆 2016 年的理论资源量及可收集量　单位：万吨

农作物种类	理论资源量	可收集量	农作物种类	理论资源量	可收集量
稻谷	20 707.51	17 187.23	油菜	4 174.62	3 548.43
小麦	15 074.87	12 512.14	芝麻	126.79	107.77
玉米	43 910.30	36 445.55	棉花	1 542.11	1 387.90
豆类	2 596.19	2 284.65	麻类	49.77	43.30
薯类	1 678.13	1 342.50	甘蔗	2 276.49	2 003.31
花生	1 971.04	1 675.38	甜菜	411.38	362.01
总合计	94 519.20	78 900.18			

从表 9 得知，2016 年我国农作物秸秆理论资源量为 9.45 亿 t，秸秆可收集量为 7.89 亿 t。在秸秆的可收集资源量中，稻草约为 1.72 亿 t、麦秆 1.25 亿 t 和玉米秸 3.64 亿 t 的资源量为最多，分别占可收集资源量的 21.78%、15.86%、46.19%；其次为豆类 2 284.65万 t、油菜 3 548.43万 t 和甘蔗 2 003.01万 t，分别占可收集资源量的 2.90%、4.50%和 2.54%；薯类、花生、芝麻、棉花、麻烦和甜菜的秸秆可收集资源量相对较少。

农产品加工副产物

农产品副产物的量可根据其占农产品经济产量的比重来计算。农产品加工副产物系数是指作物初加工获得的副产物占其经济产量的比值。加工副产物系数直接影响着加工副产物资源量计算的准确性，决定于水稻的出糙率、玉米的出籽率、花生的出仁率、棉籽的出壳率、甘蔗的蔗糖分和甜菜的含糖量等，受作物的品种影响最大。通过查阅文献，本书采用郭利磊等研究的副产物系数取值（表 5-3）。根据农产品的经济产量和农产品副产物系数，就可以计算出相应农产品副产物的资源量（表 5-3）。可以看出，2016 年，我国农产品加工副产物总资源量为 9 825. 10万 t，其中稻壳的资源量最多，为 3 727. 35万 t，占副产物总资源量的 37. 94%；其次为玉米芯 3 512. 83万 t 和甘蔗渣 1 821. 20万 t，分别占副产物总资源量的 35. 75% 和 18. 54%，花生壳、棉籽壳和甜菜渣的资源量相对较少。

表 5-3　中国主要农产品加工副产物系数及其资源量

种类	副产物系数	副产物资源量（万 t）
稻壳	0. 18	3 727. 35
玉米芯	0. 16	3 512. 83
花生壳	0. 27	466. 83
棉籽壳	0. 47	249. 05
甘蔗渣	0. 16	1 821. 20
甜菜渣	0. 05	47. 84
合计		9 825. 10

二、畜禽粪便

我国主要的畜禽包括鸡、猪和牛等，其资源量与畜牧业生产有关。本书按照畜禽饲养量、饲养周期和养殖期内的粪尿日排放系数进行计算，即：

$$F=P\times N\times T \tag{2}$$

公式（2）中，F 为各类畜禽粪尿年产排总量；P 为各类畜禽粪尿日排放系数；N 为饲养量；T 为饲养周期。

奶牛、肉牛、羊和蛋鸡的饲养周期大于 1 年，以年末存栏数作为饲养量，365d 作为饲养周期。我国生猪的生长育肥周期平均为 105～110d，体质量达 90～110kg，即可出栏；肉鸡的饲养周期为 49d，生猪和肉鸡均以出栏数作为饲养量。畜禽粪便的日排泄量与品种、体质量、生理状态、饲料组成和饲喂方式等均相关，目前我国尚没有相应的国家标准。田宜水收集比较了国内公开发表的文章，确定各种畜禽鲜粪便的排泄系数，本书的日排放系数参照田宜水的研究结果（表 5-4）。通过网络及 2017 中国统计年鉴查询获得 2016 年我国主要养殖的畜禽的饲养量，包括生猪、肉牛、奶牛、羊、肉鸡和蛋鸡。然后通过公式（2）计算得到 2016 年我国畜禽粪便的资源量（表 5-4）。

2016 年，我国养殖的畜禽粪便排放总量约为 14.35 亿 t。其中，生猪粪尿排放量为 2.64 亿 t，占总量的 18.40%；奶牛粪尿排放量为 2.34 亿 t，占总量的 16.31%；肉牛粪尿排放量为 6.25 亿 t，占总量的 43.55%；羊粪尿排放量为 2.20 亿 t，占总量的 15.33%；蛋鸡粪尿排放量为 0.4 亿 t，占总量的 2.79%；肉鸡粪尿排放量为 0.39 亿 t，占总量的 2.72%。生猪、肉牛和奶牛养殖是中国畜禽粪便的主要来源。

表 5-4　畜禽的日排放系数及畜禽粪尿总资源量（2016 年）

畜禽种类	日排放系数（kg/头）	饲养周期（d）	饲养量（万头）	畜禽粪尿总量（万 t）
生猪	3.50	110	68 502.0	26 373.3
奶牛	45.00	365	425.3	23 410.6
肉牛	23.00	365	7 441.0	62 467.2
羊	2.00	365	30 112.0	21 981.8
肉鸡	0.10	49	802 000.0	3 929.8
蛋鸡	0.12	365	122 300.0	5 356.7
合计				143 519.4

三、能源作物

中国幅员辽阔，跨越多个气候带，气候、地形、土壤、作物品种十分复杂，人多地少又是中国的基本国情，决定了耕作制度的集约性与复杂性。田宜水依据中国耕作制度区划和各地经济发展水平的不同，并保持省界完整性，将中国分为八大区域（含香港、澳门和中国台湾）。同时，根据能源作物的生物特性、对环境条件的要求以及发展现状等因素，根据各区域的耕作制度、自然地理条件等，提出各区域适宜发展的能源作物品种，由此测算能源作物的生产潜力。本书主要讨论我国农业生物质资源沼气利用潜力的评估，而目前能源植物并没有大规模用于氧厌发酵产沼气，故在此不对能源作物的资源量进行估算。

第四节 中国农业生物质能资源的沼气化利用潜力分析

生物质资源厌氧发酵产气潜力的测算有两种方法。一是根据发酵原料的化学成分（碳水化合物、蛋白质和类脂化合物）的理论沼气（或甲烷）转换率测算产气量。但不管采用什么样的发酵工艺，任何有机物都不可能全部转化为沼气（或甲烷），部分有机物质会被沼气微生物同化为菌体细胞物质。这是一种纯理论的计算方法，与实际产气量有较大差异。故采用众多学者的沼气发酵试验所获得的数据进行测算。一般计算沼气生产潜力主要依据35°C下产气效率，20°C产气率依据35°C时原料产气量的60%折算得到。

计算公式：

$$Y = W \times (W_S \times T_S) \tag{3}$$

公式（3）中：Y为产气潜力；W为各类生物质（干物质）的产气率；W_S为生物质的资源量；T_S为各生物质干物质含量（%）。产气率（W）：即每kg（干物质）产生沼气的量（m^3/kgTS）。

一、农作物秸秆沼气化利用潜力评估

我国农作物秸秆资源种类多，数量大，如果处理或利用不当，就会对环境造成危害，同时也是资源浪费。作物秸秆具有很大的沼气化潜力。依据张无敌等的研究，在35℃反应条件下对稻谷秸秆、小麦秸秆、玉米秸秆等的产气特性的测定，作物秸秆经90d厌氧发酵的产气量测定，确定本书估算作物秸秆的沼气潜力。20℃产气率依据35℃时原料产气量的60%折算得到。作物秸秆沼气转换参数见表5-5。

表5-5 农作物秸秆转换沼气参数（m^3/kgTS）

温度	麦秸	稻秸	玉米秸	豆类秆	薯类秸	花生秆	油菜秆	芝麻秆	棉花秆	麻类秆
35℃	0.45	0.40	0.50	0.44	0.44	0.44	0.44	0.44	0.60	0.28
20℃	0.27	0.24	0.30	0.26	0.26	0.26	0.26	0.26	0.36	0.17

按照公式（3）计算，我国2016年农作物秸秆厌氧发酵沼气潜力如表5-6所示。从表可知，在35℃条件下的沼气潜力为2 841亿m^3，在20℃条件下的沼气潜力为1 702亿m^3。玉米秸秆由于可收集资源量最大，在整个秸秆资源产沼气潜力中所占的比例最大；稻谷和小麦次之；麻类秸秆由于资源量少，沼气潜力最小。

表 5-6 中国 2016 年农作物秸秆沼气潜力测算

作物种类	可收集量（万 t）	干物质比例（%）	沼气潜力（m^3）	
			35℃	20℃
稻谷	17 187.23	80	5.50×10^{10}	3.30×10^{10}
小麦	12 512.14	80	4.50×10^{10}	2.70×10^{10}
玉米	36 445.55	80	14.58×10^{10}	8.75×10^{10}
豆类	2 284.65	80	0.80×10^{10}	0.48×10^{10}
薯类	1 342.50	80	0.47×10^{10}	0.28×10^{10}
花生	1 675.38	80	0.59×10^{10}	0.35×10^{10}
油菜	3 548.43	80	1.25×10^{10}	0.74×10^{10}
芝麻	107.77	80	0.04×10^{10}	0.02×10^{10}
棉花	1 387.90	80	0.67×10^{10}	0.40×10^{10}
麻类	43.30	80	0.01×10^{10}	0.01×10^{10}
合计			28.41×10^{10}	17.02×10^{10}

二、农产品加工副产物沼气化利用潜力评估

我国是农业大国，产生的农产品加工副产物种类繁多，按加工主产物和有机质含量可主要分为富糖类、富脂质类及富纤维类等。农产品加工副产物作为一种低能量含量的生物质资源，大部分具有与加工主产物相当的营养价值。采用厌氧发酵技术对它们进行沼气化利用，也具有较大的潜力。通过查阅文献，各农产品加工副产物转换沼气参数如表 5-7，副产物干物质含量 TS 取值统一为 80%，因农产品加工副产物便于收集，计算沼气化利用潜力时未考虑其损失，计算结果见表 5-8。从表可知，2016 年我国农产品加工副产物在 35℃条件下发酵的沼气潜力为 350 亿 m^3，在 20℃条件下的沼气潜力为 210 亿 m^3。玉米芯和稻壳由于资源量和转换沼气参数都相对较大，具有较大的沼气化利用潜力，在农产品加工副产物沼气化潜力中分别占 46.57%和 35.71%。

表 5-7 农产品加工副产物转换沼气参数（m^3/kgTS）

温度	稻壳	玉米芯	花生壳	棉籽壳	甜菜渣	甘蔗渣
35℃	0.42	0.58	0.32	0.25	0.30	0.22
20℃	0.25	0.35	0.19	0.15	0.18	0.13

表 5-8 中国 2016 年农产品加工副产物沼气潜力测算

副产物种类	资源量（万吨）	干物质比例（%）	沼气潜力（m^3）	
			35℃	20℃
稻壳	3 727.35	80	1.25×10^{10}	0.75×10^{10}
玉米芯	3 512.83	80	1.63×10^{10}	0.98×10^{10}
花生壳	466.83	80	0.12×10^{10}	0.07×10^{10}
棉籽壳	249.05	80	0.05×10^{10}	0.03×10^{10}
甘蔗渣	1 821.20	80	0.44×10^{10}	0.26×10^{10}
甜菜渣	47.84	80	0.01×10^{10}	0.01×10^{10}
合计			3.50×10^{10}	2.10×10^{10}

三、中国畜禽粪便沼气化利用潜力评估

我国畜禽饲养总数较多，每年排出粪便数量相当大，这些有机废弃物含水量都比较大，是沼气发酵的理想原料。影响畜禽粪便生产沼气的因素很多，包括厌氧环境、有机物、C/N、适宜的温度、搅拌等。不同畜禽粪便的产气效率以及其干物质（TS）比重参考张无敌等结果（表 5-9）。通过公式计算得到我国畜禽粪便产沼气潜力（表 5-9）。从表中得知，2016 年我国畜禽粪便在 35℃条件下发酵的沼气生产潜力约为 9.86×10^{10} m^3，在 20℃条件下发酵的沼气生产潜力约为 5.87×10^{10} m^3，其中牛粪具有最大的潜力，占总潜力的 52.23%，其次为猪粪，占总潜力的 22.52%，羊粪占总潜力的 16.02%，鸡粪占总潜力的 9.23%。

表 5-9 2016 年中国畜禽粪便产沼气潜力测算

种类	产气系数（m^3/kgTS）		干物质比例（%）	沼气潜力（m^3）	
	35℃	20℃		35℃	20℃
猪粪	0.42	0.25	20	2.22×10^{10}	1.32×10^{10}
牛粪	0.30	0.18	20	5.15×10^{10}	3.09×10^{10}
羊粪	0.36	0.21	20	1.58×10^{10}	0.92×10^{10}
鸡粪	0.49	0.29	20	0.91×10^{10}	0.54×10^{10}
合计				9.86×10^{10}	5.87×10^{10}

第五节 中国农业生物质能资源的沼气化利用前景及展望

中国作为一个农业大国，农业生物质资源种类繁多，数量巨大。2016 年全国农作物秸秆理论资源量为 94 519万 t，可收集资源量为 78 900. 18万 t；农产品加工副产物资源量估算约为 9 825. 10万 t；畜禽粪便资源量为 143 519. 4万 t。如此宠大的农业生物质资源，如果处理利用不当，就会引起严重的环境污染问题。

沼气化利用是当前中国农业生物质资源化利用的主要模式之一，农业生物质资源具有较大的沼气化利用潜力。在发酵 35°C 条件下，2016 年全国农作物秸秆的沼气潜力为 2 841. 2亿 m^3，相当于 2. 03 亿 t 标准煤，其中玉米秸秆的沼气潜力约占农作物秸秆总潜力的 51. 32%，稻谷和小麦的沼气潜力之和约占总潜力的 35. 20%，粮食作物秸秆沼气潜力占农作物秸秆总潜力的 90. 99%。全国农产品加工副产物的沼气潜力为 349. 7 亿 m^3，相当于 0. 25 亿 t 标准煤，其中玉米芯沼气潜力占农产品加工副产物总潜力的 46. 57%，稻壳占总潜力的 35. 71%，这两者在农产品加工副产物沼气潜力中占了大部分比例。全国畜禽粪便的沼气潜力约为 9 860. 8亿 m^3，相当于 7. 04 亿 t 标准煤，其中牛粪的沼气潜力占整个畜禽粪便沼气潜力的 52. 23%，猪粪的沼气潜力次之，占 22. 52%。2016 年，全国农作物秸秆、农产品加工副产物及畜禽粪便的沼气化利用潜力合计为 13 051. 7亿 m^3，相当于 9. 32 亿 t 标准煤，而同时期，全国原煤产量约为 24. 08 亿 t 标准煤。由此可见，中国农业生物质资源沼气化利用潜力非常巨大。

然而，如何发挥这些生物质资源的潜力还面临着很多问题。首先，中国农业生物质资源总量巨大，但资源分布比较分散以及分布不均衡。在利用农业生物质资源时，要结合各地域的总量和资源特点，因地制宜地发展农村户用沼气，支持养殖场建设大中型沼气工程等。其次，以秸秆为原料的沼气工程，其产业技术水平及产业模式相对落后，农作物秸秆的预处理工艺、秸秆进出料、秸秆上浮结壳、工程项目盈利模式等诸多问题制约着秸秆沼气工程的发展。政府应加大研发投入，组织科技人员对其核心关键技术进行攻关，建立一些技术先进、管理科学的秸秆示范工程项目进行产业化推广。在推广运用上，政府应制定一系列激励性政策措施和财政扶持制度，加大宣传力度，并结合各地种植业、养殖业的实际情况，科学合理地规划适合的沼气工程，推进农业生物质资源沼气化利用良好有序地发展，从而实现经济、能源、生态等多方面的共赢。

参考文献

郭利磊，王晓玉，陶光灿，等 . 2012. 中国各省大田作物加工副产物资源量评估［J］. 中国农业大学学报，17（6）：45-55.

李宝银，周俊新 . 2010. 生物质能源树种培育［M］. 厦门：厦门大学出版社.

李永丽，孙传伯，尹芳，等 . 2009. 甘蔗渣沼气发酵潜力的研究［J］. 硅谷（2）：45-46.

刘亮，刘圣勇 . 2012. 花生壳厌氧发酵制取沼气的试验研究［J］. 湖南农业大学学报，46（2）：188-227.

田宜水，赵立欣，孙丽英，等 . 2011. 农业生物质能资源分析与评价［J］. 中国工程科学，13（2）：24-28.

田宜水 . 2018. 中国规模化养殖场畜禽养殖粪便资源沼气生产潜力评价［J］. 农业工程学报，28（8）：230-234.

叶节边，苏有勇，张京景，等 . 2011. 玉米芯发酵产沼气潜力的实验研究［J］. 化学与生物工程，28（4）：53-54.

袁海荣，王立平，曹景平，等 . 2009. 稻壳中温厌氧消化产沼气试验研究［J］. 太阳能（6）：33-36.

张建安，刘德华 . 2009. 生物质能源利用技术［M］. 北京：化学工业出版社.

张无敌，刘士清，周斌，等 . 1997. 我国农村有机废弃物资源及沼气潜力［J］. 自然资源，19（1）：67-71.

中华人民共和国国家统计局 . 2017. http：//www. stats. gov. cn/tjsj/ndsj/2017/indexch. htm.

Liqun，Ji. 2015. An assessment of agricultural residue resources for liquid biofuel production in China［J］. Renewable & Sustainable Energy Reviews.（44）：561-575.

第六章　发展趋势

第一节　技术前沿

一、工程智能调控和精细化管理

德国沼气工程自动控制系统达到了专业化、工厂化生产水平，一座沼气工程只需 1 人管理即可稳定运行，大大降低了运行成本。以往，我国沼气工程的自动化水平较低。但随着政府对工程建设监管力度加大以及业主对工程建设和运行管理要求的提升，近些年我国沼气工程的自动化水平有了显著的提升，特别在特大型沼气工程中都建有完善的自动控制系统。沼气发酵是一个复杂的体系，发酵过程涉及温度、pH、挥发性脂肪酸等多个参数，如果沼气工程含有污水达标处理单元，其自动控制的复杂程度还会更高。要使沼气工程维持最佳的工作条件、产生更多的沼气、消耗更低的成本、保持较长的稳定运行时间，则需要更为精细的智能调控措施。

随着科技的进步，为满足上述目标，沼气工程的运行管理也逐渐朝着智能化和精细化发展。所谓智能化是指利用现代通讯技术、网络技术和计算机技术等来实现沼气工程智能化控制，使沼气工程在现代技术的支持下实现效益最大化。所谓精细化是指通过智能化控制在沼气工程各个工艺环节中，根据不同的环境、工艺条件给予精准的管理控制措施，力求实现工程长期稳定的处在最佳工作条件下，并产生最大效益。同时，智能化控制和精细化管理还能最大限度的避免违规操作，降低安全事故的发生概率。

沼气工程智能化控制和精细化管理主要包含 3 个方面：第一，沼气工程运行调度。与现有的自动控制技术相比，针对原料特性、原料流量以及环境条件的变化，系统能及时、精准地释放相关控制指令。这首先需要在在线监测系统中增加相关的监测模块，再依据完备的工艺技术，在现有的自动控制系统中改进算法，细化控制节点，优化控制部署。第二，沼气工程绩效监测。以沼气工程运行调度为依托，围绕沼气工程绩效监测与反馈关键技术为主题，构件沼气工程运行的关键指标体系、绩效评估方法和绩效评估技术，解决复杂运行条件下沼气工程多目标绩效监测、预警和反馈问题。第三，沼气工程安全运行管理。以中毒、爆炸等事故种类评估沼气工程中不同点位的安全等级，在不同安全等级的点位设置不同监测装置、建立相应等级的预警和自动反馈措施，降低安全管理成本。此外，智能化和精细化离不开操作人员的调控和管理，要培养人员精细化管理的意识，建立健全各项管理制度，规范调控和管理行为，加强隐患排查，科学地根据情况的改变调整调控和管理措施，确保沼气工程高效、稳定、无事故运行。

二、工艺、技术和装备的优化创新

高效、稳定运行的工艺、技术和装备是保证沼气工程持续产生效益的关键，经过近些年的实践，我国沼气工程的工艺、技术逐渐进步，配套设备也已经向大型化、成套化和系列化方向发展。但整体情况仍然是缺乏自主创新的先进技术，中小工程整体技术水平偏低，工艺技术缺乏基础性研究、工艺环节不够合理、工艺系统不够完整；此外，设备存在的问题也尤为突出，已经成为制约中国沼气行业尤其是大型沼气工程发展的瓶颈。主要问题是：设备与工艺不配套；缺乏系统化成套设备和标准化设备；制造质量差，故障率高，不能长期稳定可靠运行；缺乏关键核心设备。总体上，设备还难以支撑规模化沼气产业的发展。

因此，我国沼气工程的工艺、技术和装备还需要进一步的优化创新。在原料预处理单元，研发混合干物质原料的输送装备、优化针对不同种类发酵原料的预处理技术；在沼气生产单元，研究高浓度原料沼气发酵毒性抑制及解除机制，研发中低浓度沼气发酵能效提升技术，优化高浓度物料混合搅拌装置；在沼气净化及储存单元，进一步提升原位脱硫及生物脱硫的工作效率；在沼气利用单元，研发甲烷含量提升发酵技术，优化沼气提纯生物天然气技术改进沼气发电、沼气燃烧等装备；在沼渣、沼液处理及利用单元，进一步研发沼液浓缩技术、固体沼气有机肥生产技术，研制沼肥大田自动施肥装置。

政策方面，加大对沼气科技支撑的投入。应针对当前沼气发展中的一些技术瓶颈。以大协作、大联合的团队作战形式。组织科研单位和龙头企业，进行重点攻关、重点突破，并创新性地研发一些带有全局性和前瞻性的新技术、新工艺、新产品和新装备。

三、沼气燃料电池

燃料电池是一种将燃料的化学能直接转化为电能的技术。其工作原理是通过电化学反应把燃料化学能中的吉布斯自由能转换成电能。传统的内燃机沼气发电过程中，沼气燃烧速度慢，辛烷值高，燃料中的能量需要从化学能转换为热能，再转换为机械能，再转换为电能的过程，其能量转换效率受热力学第二定律的限制。目前国产内燃机沼气发电机的发电效率在35%左右，进口内燃机沼气发电机的发电效率在40%左右。而沼气燃料电池能量转换的效率不受卡诺循环的限制，其数值等于电池反应的吉布斯焓变与燃烧反应热之比，可达90%左右。若考虑电动机、传动系统的效率，系统的发电效率可达40%~60%，有废热回收的系统总的能量利用率为70%~90%，远大于内燃机发电的能量转化效率。另外，燃料电池用燃料和氧气作为发电原料，主要排放物质为水和二氧化碳，有害气体排放量低，且没有机械传动部件，噪声污染也很低。正是由于以上的优点，利用沼气燃料电池技术发电也会成为沼气发电的主要发展技术。

欧美国家和日本在沼气燃料电池方面有一定的应用经验，例如日本2005年即研发了以沼气燃料电池驱动的摩托车，在日本也有多处污水处理厂污泥厌氧消化产生的沼气通过沼气燃料电池装置来利用。我国通过与日本政府间的合作，在广东省某猪场的沼气工程中建设了装机容量为200kW的沼气燃料电池设备。通过与欧美国家和合作，安徽理工大学开发了千瓦级沼气燃料电池，并研发了一种用于甲烷蒸汽重整制氢的复合催化剂，采用复合催化剂制氢技术，在500℃以下的条件下，使甲烷转化率接近100%。

第二节　产业方向

一、功能和定位

1. 能源

在新中国成立之初，部分地区商品能源供应不充足，农村地区民众炊事主要是燃烧农作物秸秆，而且农作物秸秆产量也不能完全满足需要，农民为了生计而大量砍树木、剥树皮、挖草根，造成许多地区严重的水土流失。沼气作为利用废弃物产生的一种能源被大范围推广使用。一直到2000年以前，我国沼气技术主要发展方向是户用型沼气池的推广，主要应对的也是农村分散居民生活用能不足的问题。可以说在20世纪，中国沼气技术的推广和利用主要体现的是能源效益。

2. 环境

随着中国商品能源供应量逐渐充足，供应范围逐渐扩大，沼气的需求量减少；农村散户养殖量减少，东部地区几乎没有散户养殖，造成户用沼气缺乏原料；此外，农村人员结构发生较大变化，青壮年都外出打工，无劳动力维护，服务体系不完善，发挥不了维护作用。因此，户用型沼气池的利用率逐渐降低，个别地区的户用型沼气运行率低于30%，闲置报废的沼气池越来越多，基本没有建设需求，其能源效益逐渐消失。在这一期间，随着农业生产效率的提高，规模化畜禽养殖废弃物造成水体污染问题和农作物秸秆燃烧造成空气污染问题日渐成为民众关心的主要问题。作为解决以上问题的手段之一，处理农业废弃物规模化沼气工程则发展迅速，一方面得益于中央和地方财政资金的支持，更重要的是面对日益严峻的环保压力，养殖业主也主动寻求机会建设沼气工程以减量、减排，种植业主也利用秸秆沼气发酵来作为解决秸秆燃烧的主要方法。总体来看，越发达的地区，沼气工程采用污染减排模式的数量越多，能源功能越弱。

3. 绿色

随着我国经济、社会的发展，时代给沼气提出了更高的要求。党的十九大报告强调了绿色发展，这是习近平新时代社会主义思想的核心要义之一。2016 年 12 月 21 日，习近平总书记主持召开中央财经领导小组第十四次会议，首次提出“农村能源革命”，要坚持政府支持、企业主体、市场化运作的方针，以沼气和生物天然气为主要处理方向，以就地就近用于农村能源和农用有机肥为主要使用方向，力争在“十三五”时期，基本解决大规模畜禽养殖场粪污处理和资源化问题。2017 年 5 月 31 日，国务院办公厅发布关于加快推进畜禽养殖废弃物资源化利用的意见（国办发〔2017〕48 号），将继续支持以畜禽粪便为主要原料的生物天然气项目，大中型沼气工程的建设。落实沼气发电上网标杆电价和上网电量全额保障性收购政策。落实沼气和生物天然气增值税即征即退政策，支持生物天然气和沼气工程开展碳交易项目。党中央和国务院的政策，创新的沼气的发展理念、利用方式和服务模式。沼气技术关系到能源的供给，关系生态环境的改善，更关系到农业的绿色发展。要真正建设以沼气为核心的绿色种养循环模式，实现农业经济增长与农业污染负荷脱钩，解决好生态环境突出问题，改善可持续性，让绿色、生态有利可图，农业生态优势转化为农业经济优势，最终实现绿水青山就是金山银山。

二、主要方向

1. 沼气发展结构调整

目前，畜禽养殖方式向规模化和集约化方向转变。农业发展从一家一户、一村一落的种养小循环，正向一个区域的规模化种植养殖的大循环转变，从农业生产系统内部循环正向一二三产业融合发展的大循环转变。在这一转变中，农村分散的畜禽饲养农户越来越少，户用沼气赖以生存的原料供应短缺。此外，农村城镇化步伐加快、农村空心化程度加剧。城镇化快速发展，改变了农村一家一户传统的用能方式；农村青壮年大多外出务工，影响了沼气设施管护和正常使用，加大了户用沼气的闲置率和报废率。加之农村生活用能日益多元化和便利化。化石能源和电力供应充足，获取便利，使用方便，价格低廉，压缩了农村沼气的发展空间。随着生活水平的提高，农民对生活整洁化、生产清洁化、环境生态化的愿望更加强烈，要求沼气更多更好地发挥保护生态环境、发展生态农业的关键作用。

因此，沼气发展结构应按照全产业链总体设计、统筹谋划，建立从原料保障、沼气发酵、沼气产品利用、运营监管以及社会化服务的一体化体系，培育沼气工程终端产品多元化利用市场，建立新型商业化运营模式，推动规模化生物天然气工程和规模化大型沼气工程加快建设。充分考虑原料来源、运输半径、资金实力、产品销路等因素，配套建设原料基地，推广中、高温高浓度混合原料发酵工艺以及沼气提纯等先进技术。结合果、菜、茶园用肥需求和布局，发展“果、菜、茶园+沼气工程+畜禽养殖”的模式，推动发展生态循环农业。继续巩固户用沼气和中小型沼气工程在农村生产和生活中的重要作用，制订农村户用沼气报废标准，优化改造老旧病池，填平补齐生活污水净化沼气池、沼渣沼液综合利用设施，积极促进沼气建设与生态农业发展有机结合，提升沼气综合功能。

2. 沼气产品利用水平提升

以往在商品能源短缺的情况下，沼气主要体现的是能源效益。目前，商品能源普及率较高，沼气的能源效益降低，单纯靠沼气供给很难实现沼气项目的盈利。因此，一方面需大力发展生物天然气并入天然气管网、罐装和作为车用燃料，沼气发电并网或企业自用，稳步发展农村集中供气或分布式撬装供气工程，促进沼气和生物天然气更多用于农村清洁取暖，提高沼气利用效率。另一方面，推动沼肥高效利用。将沼渣沼液加工作为规模化生物天然气工程和规模化大型沼气工程项目不可缺少的建设内容，同步实施，同时投产。大力开展沼渣沼液生产加工有机肥、基质、生物农药等多功能利用，试点推广植物营养液、生物活性制剂等高端产品，推广以农村有机生活垃圾作为沼气原料生产沼肥，提高沼气项目综合效益。

推广“果、菜、茶+沼气工程+畜禽养殖”循环模式。在果、菜、茶园优势区，开展沼气工程配备沼肥生产设备，配套沼肥暂存调配设施以及园区储肥施肥设施设备、沼肥运输和施用机具、沼液田间水肥一体化灌溉设施建设，使沼气工程有效联接畜禽养殖和高效种植，实现沼肥充分高效利用，保障优质农产品生产。

3. 沼气科技创新能力建设

沼气的发展离不开科学技术的支持。应以促进沼气技术成果转化为主攻方向，依托优势科研团队建设沼气科研创新平台、重点实验室和工程技术中心，完善实验室基础设施，购置先进实验仪器设备，建设中试基地。深化科研院所、大专院校和龙头企业之间的合作，加强农村沼气产、学、研技术体系建设，建设一批沼气科研创新团队，集中优势科研资源研发沼气新工艺、新材料、新装备，开展秸秆预处理、稳产高产发酵工艺、多能互补增温保温、沼气提纯罐装、沼肥高效施用等关键环节的技术攻关。结合云计算、大数据、物联网和“互联网+”等新一代信息技术和互联网发展模式，建设覆盖全国的信息化沼气科技服务平台，促进沼气科技成果转化为现实生产力，提高沼气行业科技水平。

4. 沼气服务保障

无论是农村户用沼气池还是规模化沼气工程，高水平的运行管理和服务是保证项目稳定运行并能持续产生效益的必要条件。在户用沼气和沼气工程集中的地区，稳步开展农村沼气服务体系提档升级，优化整合农村沼气服务网点，形成功能齐全、设施完备、技术先进的新型服务网络。创新政府购买公益性服务、市场主体提供经营性服务的运营机制，培育壮大社会化服务队伍，鼓励社会资本进入沼气沼肥的销售、流通、售后服务等环节。依托科研院所和大专院校的技术力量，大力开展从业人员技能培训，重点推动沼气工程设计、施工标准化，提高沼气人才队伍的专业化和职业化水平。大力培育农村沼气事业新型社会化服务主体和沼气中介服务组织，培育一批沼气行业的骨干企业。着力提高行业监管能力。加快农村沼气监管由建设项目管理向行业监督管理转变，建立农村沼气产业发展和市场监管系统；建立农村沼气工程、产品检测和评估体系，建设可测量、可识别、可核查、可追溯的信息化监控平台，建设全国沼气远程在线监测系统，对沼气工程实行全周期动态监管。加强沼气生产过程安全管理，加大对沼气易燃易爆等危险特性的宣传和教育力度，认真辨识生产过程的安全风险并落实管控措施，严格动火、进入受限空间等特殊作业管理，提高沼气工程生产安全水平。

三、支持政策

1. 多元化投入

坚持政府支持、企业主体、市场化运作的方针，大力推进沼气工程建设和运营的市场化、企业化、专业化，创新政府投入方式，健全政府和社会资本合作机制，积极引导各类社会资本参与，政府采用投资补助、产业投资基金注资、股权投资、购买服务等多种形式对沼气工程建设给予支持。支持地方政府建立运营补偿机制，鼓励通过项目有效整理打包，提高整体收益能力，保障社会资本获得合理投资回报。研究出台政府和社会资本合作（PPP）实施细则，完善行业准入标准体系，去除不合理门槛。积极支持技术水平高、资金实力强、诚实守信的企业从事规模化沼气项目建设和管理，鼓励同一专业化主体建设多个沼气工程。积极探索碳排放权交易机制，鼓励专业化经营主体完善沼气碳减排方案，开展碳排放权交易试点。研究建立沼气项目信用记录体系。

2. 优化政府扶持政策

研究建立规模化养殖场废弃物强制性资源化利用和处理制度。完善促进市场主体开展多种形式畜禽养殖废弃物处理和资源化利用的激励机制，研究建立农业废弃物处理收费机制。完善沼气沼肥等终端产品补贴政策，对生产沼气和提纯生物天然气用于城乡居民生活的可参照沼气发电上网补贴方式予以支持；在实施绿色生态导向的农业政策中，支持农村居民、新型农村经营主体等使用农业废弃物资源化生产的有机肥。比照资源循环型企业的政策，支持从事利用畜禽养殖废弃物、秸秆、餐厨垃圾等生产沼气、生物天然气的企业发展。健全农业废弃物收储运体系，推动将沼气发酵、提纯、运输等相关设备纳入农机购置补贴目录，研究建立健全并落实规模化沼气和生物天然气工程项目用地、用电、税收等优惠政策。

3. 营造成熟市场体系

将生物天然气和沼气纳入国家能源和生态战略，落实《可再生能源法》《畜禽规模养殖污染防治条例》《可再生能源发电全额收购保障办法》中对沼气利用的相关规定，破除行业壁垒和歧视，推进生物天然气和沼气发电无障碍并入燃气管网及电网并享受相关补贴，对生物天然气和沼气进行全额收购或配额保障收购，支持规模化沼气集中供气并获得与城镇燃气同等经营许可权利，完善农村集中供气管网建设扶持政策，保障生物天然气、沼气发电、沼气集中供气获得公平的市场待遇。

4. 完善标准体系

加快农村沼气标准的制订和修订工作，包括各类沼气工程设计规范、安全设计与运营规范、污染物排放标准、生物天然气产品和并入燃气管网标准、沼肥工程技术规范、沼肥产品等，加强检测认证体系建设，提高行业技术水平，强化对农村沼气及沼肥产品质量和安全监管。研究制定沼气（生物天然气）前期工作编制规程，指导项目单位科学规范开展前期工作。

第三节　在“一带一路”中的作用

中国提出建设“新丝绸之路经济带”和“21 世纪海上丝绸之路”的构想，即以能源合作为轴心，以新能源、航天卫星以及核能三大高新领域为突破口，推动“1+2+3”合作向更深层次发展。“一带一路”倡议下国家贸易类型将从全球市场输出廉价消费品以获取能源矿产资源的“撒胡椒面”传统模式，转向输出高科技产品成套设备和服务贸易的未来模式，有利于带动产业布局的结构调整，以对外开放带动国内内部经济战略转型，构建高水平开放型经济体制以及形成全方位开放新格局。“一带一路”倡议的实施，满足了相关国家和地区的这些内在要求，特别是沼气作为清洁能源，在治理环境和节能减排上具有显著的作用，受到发展中国家对基础设施建设重视，以能源领域为出发点，与中国建立起全方位的战略伙伴合作关系，得到积极的响应和有效支持。

中国沼气的对外合作与输出，是在资源与环境可持续发展领域开发利用清洁能源，以技术、工程示范和派遣专家进行合作，主题和方向明确，对于改善发展中国家的环境、农业和社会经济有巨大潜力，有助于中国沼气产业结构调整，是推进“1+2+3”能源战略布局与合作的重要内容。

一、主要合作方式

中国沼气技术对外合作方式多元化，主要有科学技术合作、物资援助、人力资源培训、示范工程建设和能力建设等方式，内容涉及农村户用沼气、大中型沼气工程、城镇生活污水处理、沼气实验室建设、沼气资源调查和制定发展规划等（表 6–1）。

表 6–1　主要合作方式及案例

对外合作方式		案例
合作平台	以双边或多边协定国际科技合作平台的建设	1981 年中国政府与联合国开发计划署建立的“中国成都亚太区域沼气研究和培训中心（ BRTC）”
		2014 年农业部沼气科学研究所联合国粮农组织认定为“联合国粮食及农业组织（ FAO）沼气技术研究培训参考中心”
技术合作	技术引进与研发	2012—2014 年，与德国 BEB 柏林生物质能有限公司（企业）合作，开展“秸秆沼气发酵关键技术及设备研究”
	合作研究	2015 年，与埃及农业气候中心实验室（CLAC 政府机构）签订协议，进行沼气技术合作研究
	国际开发	2010 年，受联合国粮农组织（第三方组织）邀请，派遣专家参加“第四届生态家园监督”项目
	能力建设	2004—2005 年，援助突尼斯政府建立国家沼气实验室
	承办学术会议	2017 年 10 月，主办中国沼气学会学术年会暨中德沼气合作论坛
	参加学术会议	2014 年，派遣专家赴泰国参加“第十届中泰友好研讨会暨科学技术与农村可持续发展研讨会”
	交流互访	2015 年，阿根廷农牧渔业部代表团到中国成都进行参观访问
	战略咨询与规划	2016 年，受中国国际经济技术交流中心委托，派遣专家赴非洲肯尼亚、坦桑尼亚、乌干达三国，设计规划建设能源、沼气、养鱼等技术的示范中心。
	沼气资源调研与评价	2016 年，农业部“摩尔多瓦沼气示范援助项目”，开展农村沼气资源和沼气技术利用前景调研。
	物质援助	2015 年，与印度泛喜马拉雅基层发展基金会合作，向印度出口 275 套玻璃钢沼气池及配套设备。
	技术转让	2006 年，云南师范大学能源与环境科学学院

（续表）

对外合作方式		案例
人才培训	来华培训	2017 年 8 月，在成都由商务部主办、农业部沼气科学研究所承办的“发展中国家生物质能源利用研修班（第二期）”
	援外培训	2017 年 7 月，在老挝首都万象中国商务部在中老合作委员会和中国驻老挝大使馆经济商务参赞处协助下，开办了“沼气推广技术海外培训班”
	联合培训	2013 年，由 SNV 荷兰发展组织、巴基斯坦户用沼气项目办和农业部沼气科学研究所，在中国成都举办了“巴基斯坦沼气技术培训班”
	培养外国留学生	2010—2013 年，中国农业科学院为卢旺达培养 CYIMANA Mulinda 硕士研究生
	派遣访问学者	2017 年，与德国农业部合作，派遣中青年学者到德国接收培训
示范工程建设	农村户用沼气	2016 年，在毛里塔尼亚特拉扎省瓦德纳加县，援建了一口 $10m^3$ 户用沼气池，并成功产气点火
	大中型沼气工程	2006 年，德国 BEB Biogas Energy Berlin 公司合作，实施了联合国工业组织项目“坦桑尼亚剑麻废水处理大型沼气示范工程”
	生活污水沼气净化池	2004 年，卢旺达基加利教育学院 $100m^3$ 生活污水沼气净化池

1. 技术合作

以科技为先导，以创新合作为纽带，以共同发展为理念，中国派出沼气专家和项目组前往亚非拉等发展中国家进行技术援助。例如 2006 年起，陆续在非洲援助建设数十处农业示范中心和畜牧示范中心，许多示范中心将沼气技术作为其一部分，用以处理农业废弃物以及生产能源。1997 年，与泰国能源发展和促进署合作“猪场废水处理和沼气发电”项目；2004—2005 年，派出专家组前往突尼斯共同实施了援助突尼斯政府建立国家沼气实验室，制定国家沼气发展规划并通过论证。2008 年，应卢旺达政府需求，中国首次向非洲国家出口玻璃钢沼气池及省柴节能灶，安装成功率达到 100%。2012—2014 年，与德国 BEB 柏林生物质能有限公司合作，开展“秸秆沼气发酵关键技术及设备研究”。2015 年，与印度泛喜马拉雅基层发展基金会合作，向印度出口 275 套玻璃钢沼气池及配套设备。通过项目实施与技术合作，取得了显著的成绩。

2. 人才培训

人才培训，其目的是“授之以渔”。依托大学、科研机构以及相关组织，培养发展中受援国家沼气技术专家和管理人员，传授沼气基础知识、沼气池维修与安全、大中型沼气工程运行与维护、三沼综合利用等实用技术，传播中国在沼气方面的先进技术和经验以及取得的成就，从20世纪50年代初至今，中国开展农业对外投资与合作走过了60余年的历程。例如依托1981年中国政府与联合国开发计划署建立的“中国成都亚太区域沼气研究和培训中心（BRTC）”及2014年成立的“联合国粮食及农业组织（FAO）沼气技术研究培训参考中心”，接收发展中国国家各类人员到中国学习沼气技术和管理经验。

人才培训又可分为来华培训和援外培训两部分。来华培训：以国内科研机构、大学和企业等为依托，接收发展中国家人员来华培训，多种渠道为发展中国家培训沼气技术人才和管理人员，例如2017年8月由商务部主办在成都承办的“发展中国家生物质能源利用研修班（第2期）”，接收了“一带一路”沿线阿塞拜疆、格鲁吉亚、斯里兰卡、尼泊尔等国家学员来华学习沼气技术。援外培训：从20世纪90年代中国政府与发展中国家及相关组织合作，在境外开展援外培训工作，例如2017年7月在中老合作委员会和中国驻老挝大使馆经济商务参赞处协助下，中国商务部在老挝首都万象开办了“沼气推广技术海外培训班”。

3. 建设示范工程

建设沼气示范工程，是典型将理论和实践相结合，寓教于传，提升对沼气技术和工程认知度，先后成功地在突尼斯、孟加拉国、古巴、埃塞俄比亚、菲律宾、印度、老挝等发展中国家承担沼气工程的设计和施工，起到了较好的示范效应。例如中国政府应圭亚那政府的要求，于1984年派出技术人员援建了5个大小不同的沼气池；1998年，根据中国-古巴政府协定，派出技术人员援建古巴户用农村沼气项目；2006年，与德国BEB公司合作圆满设计了联合国工业组织项目“坦桑尼亚剑麻废水处理大型沼气示范工程”；2016年10月在毛里塔尼亚特拉扎省瓦德纳加县“中国援毛里塔尼亚畜牧技术示范中心”，修建了一口10m^{3}户用沼气池，并成功产气点火，让学员全程参与沼气池的修建过程，学习沼气灶、沼气热水器和沼气灯运行和使用，教学与示范结合传授实用沼气技术，对推广中国沼气起到了积极的影响。

二、已取得的成效

1. 推动国家之间沼气技术的发展

面对气候变化、治理环境污染现实需求，沼气技术提供清洁能源供给，保护生态环境，成为发展中国家解决能源匮乏、资源短缺、环境污染、卫生状况等难题的重要手段。中国沼气对外推广的主要是水压式沼气池，其技术、发酵工艺及配套设备等，具有结构简单、造价低、应用性能好、操作方便等优点，推广简易、实用、投入少、效益好、可持续等鲜明特点，体现实用性、有效性和经济性，在改善当地农村生活环境和提高了生活质量，深受发展中国家欢迎，特别是第三世界国家的不少地区也接受了中国的沼气节能技术服务，并取得了很好的效果和良好的声誉，有力地推动了合作国家沼气技术的发展。

2. 为发展中国家培养沼气技术和管理人才

通过参与执行多双边沼气合作项目或人才培训，接收相关国家人员来来华接受沼气技术培训，派遣科研人员出国考察、参加技术培训及高水平学术交流国际会议，建设沼气示范工程，提高科研人员的整体素质和能力，增进我国与受援国家人民间的相互了解和友谊，为众多发展中国家培养大量的沼气技术人才和管理人才。例如受商务部委托，农业部沼气科学研究所持续 30 多年对外开展培训工作，实施了 40 余项国际合作与援外项目，许多参加过南南合作项目的专家和技术员成为中国双边援外的高级农业专家和企业从事境外农业投资合作的技术骨干；成功举办了 100 余期国际沼气/可再生能源技术培训班，为 140 多个国家培训大约 2 000名沼气技术和管理人才，提升了中国沼气在国际上的知名度。

3. 成为政府间合作成功模式之一

中国与世界分享可再生能源技术所取得成果、技术、管理和发展经验，让世界了解中国沼气及可再生能源技术的先进性、适用性和相关政策，促进了与来华培训和双边至多边技术交流和产品输出，得到了“一带一路”沿线国家越南、泰国、菲律宾等国家学员评价和认同，产生了良好的示范效果，受到政府、媒体和国际社会的关注和好评。中国政府与世界相关研究机构、企业等通过各类合作项目的实施，建立起良好的合作关系，成为政府间合作成功模式之一，扩大了中国沼气技术在发展中国家的影响力。

三、未来的机遇

1. 建设“一带一路”是中国参与国际事务的构想

“一带一路”倡议是中国参与国际事务的一种重要方式，倡议提出 3 年多来，已经有 100 多个国家和国际组织参与，40 多个国家和国际组织与中国签署合作协议，中国通过多种渠道与“一带一路”相关国家达到了约 20 万亿元人民币的贸易总额。2015 年 12 月，有近 200 个缔约方一致通过《巴黎协定》，应对气候变化，绿色发展成为全球发展的主流。有学者借助 DEA 方法和空间杜宾模型，对比分析全国与“一带一路”软硬性基础设施投资效率及其对转变经济增长方式引起的本地效应与空间溢出效应，区域经济增长方式转变呈鲜明的空间依赖性，投资效率对“一带一路”的经济增长方式转变具有显著的促进作用。

2. 能源与资源合作是“一带一路”的支撑点

中国面提出“一带一路”构想，在能源合作领域清洁能源合作的重要内容，不仅要注重促进当地能源产业发展，还要促进能源合作从单向双边低层次向双向多边多层次能源合作转变。发展中国家关注气候变化、水资源和矿产资源、生物资源和现代农业、生态修复和环境治理、丝绸之路文化遗产保护与开发等领域的合作，给沿线地区国家带来前所未有的机遇，相融发展前景极为广阔。早在《中国的对外援助（2011年）》白皮书指出，沼气作为清洁能源的利用是中国开展较早且具有一定优势的援助领域，20世纪80年代，中国同联合国有关机构合作，通过双边援助渠道向圭亚那、乌干达等发展中国家传授沼气技术。同时，还与突尼斯、几内亚、瓦努阿图、古巴等国家开展沼气技术合作，援建示范工程，取得较好效果。中国与有关国家既有的双多边机制，同时还有行之有效的区域合作平台，享有合作配套、信息共享、优势互补和工作联动等优势，在打造共同发展、共同繁荣、互利共赢的“命运共同体”以及“利益共同体”，能源合作成为“一带一路”开展合作战略的重要支撑点。

3. 中国沼气是参与“一带一路”资源与环境领域建设的重要抓手

习近平总书记创造性地提出了能源“四个革命、一个合作”的能源发展战略思想，以绿色低碳为方向，实现能源技术的创新、商业的创新推动产业结构调整和技术升级，开辟了中国特色的能源转型发展和国际合作新道路。中国沼气在2000年后，新农村建设步伐的加快，对环保和能源的重视，把发展产业沼气纳入国家战略性新兴产业，从“自产自销”型的低值利用，向规模化和产业化方向发展，由农村户用沼气向大中型沼气工程和生物燃气工程转型，得以快速发展。中国成熟的使用沼气技术和以沼气技术为纽带的“猪-沼-果（菜、粮）”等生态种养模式，其能量利用率、产品多样性、工程示范与技术推广与西方国家相比，从性价比上具有很强的竞争力，有显著的经济、社会和生态效益。因此，推动中国沼气“走出去”，能展现中国负责任大国的形象，有效提升了中国在全球治理和国际事务的影响力和话语权。

第四节　应用领域的拓展

我国的沼气工程主要用来处理农业废弃物。除此之外在工业污水处理、生活污水处理和市政废弃物处理领域，沼气技术也是较常采用的处理技术。

一、工业废水的厌氧处理

许多种类的工业废水如食品和饮料生产废弃物、饲料加工废弃物、制糖废弃物、淀粉加工废弃物、造纸废水、水果加工废弃物等都可以采用厌氧消化作为一级处理技术。许多种类工业废水的处理技术规范中也将厌氧消化作为推荐处理工艺的主要部分。相对于农业废弃物，工业废弃物通常有较高的溶解性有机物浓度，但悬浮固体含量较低，因此处理工业废弃物宜采用升流式厌氧污泥床（UASB）、颗粒污泥膨胀床（EGSB）、内循环反应器（IC）和厌氧膜生物反应器（AMBR）等高效厌氧反应器。上述厌氧反应器中，以 UASB 应用的最为广泛。采用沼气发酵处理工业废水，可以收集能源，用以补充一部分废水好氧处理的用电消耗。但是，工业废水成分复杂，有些种类废水难降解成分较多，有些种类废水则含有不利于厌氧微生物代谢的成分，所以并不是所有工业废水都可以进行沼气发酵的。从应用领域分析，酒精、淀粉、啤酒、发酵、屠宰和制药废水处理占所有厌氧应用领域的 90 %以上，其中处理酒精废水的沼气工程占比最大。在厌氧消化技术刚开始应用于工业废水处理时，主要应用于酒精、啤酒、制糖等行业。在技术逐步成熟之后才逐渐扩大到其他的领域，如含有难降解有机物的化工废水、造纸废水、低浓度的屠宰废水等。厌氧消化处理工业废水，其厌氧出水一般不作还田利用，根据排放要求采用二级、三级处理措施进行进一步处理。

我国处理工业废弃物的沼气工程数量一直比较稳定，2016 年底运行的沼气工程数量为 258 处，总池容 67.79 万 m^3，年产沼气 27 123.53m^3（数据来自 2016 年全国农村可再生能源统计汇总表）。早期典型的处理工业废水的沼气工程之一，河南南阳酒精厂（现河南天冠集团）酒精废水处理沼气工程，建设了单体容积为 5 000m^3的完全混合式厌氧消化装置，日产沼气约 10 000m^3，之后该公司又增加建设了 UASB、IC 等厌氧反应器。2011 年该公司的日产 50 万 m^3沼气项目进入生产阶段，工程日处理废水将达到 2.5 万 m^3，沼气主要用于城区 85 万居民的生活用气，发电上网和提纯罐装。这是目前全世界生产规模最大的沼气工程，为工业废水厌氧处理提供了良好的典范。

二、市政废弃物的厌氧处理

市政废弃物中，生活有机垃圾、餐厨垃圾和市政污泥都可以利用厌氧技术处理。

1. 有机垃圾

有机垃圾是指城市生活垃圾的有机部分。随着城市化进程的加快，人们对物质资源消耗量加大以及物质资源消耗种类的增多，生活垃圾的种类日趋复杂，数量越来越大。对生活垃圾的处理和再利用都更加困难。目前我国的生活垃圾主要采用填埋、堆肥和焚烧三种主要方式处理，其中 80%以上的生活垃圾采用填埋的方式处理。将生活垃圾中的有机部分分离出来，用作沼气发酵的原料，不仅可以大大减少焚烧和填埋的垃圾处理量，还能生产清洁能源，沼渣沼液还可以作为有机肥料使用。同时，对环境基本没有负面的影响。有机垃圾通常与畜禽粪污混合进行联合发酵。

近年来，在可持续发展原则指导下，欧洲国家纷纷立法，限制可降解有机生活垃圾进入卫生填埋场，可降解有机生活垃圾含量高于5%的垃圾即被禁止填埋，垃圾分类收集得到广泛推广。这种情况下，可降解有机生活垃圾处理和利用成为一个迫切的问题。由于堆肥存在一定问题，人们不断探讨可降解有机生活垃圾处理和利用的新技术方法。近年来，城市生活垃圾厌氧消化系统在德国、瑞士、奥地利、芬兰、瑞典等国家发展尤其迅速，日本也从欧洲引进技术，在日本建设了首座厌氧消化示范工程。城市生活垃圾厌氧消化处理成为有机垃圾处理的一种新的趋势。在美国，厌氧消化工艺也有一定的应用。目前，比较成熟的城市生活垃圾厌氧消化系统一般为日处理有机垃圾100吨左右，每日可以产生12 000m^3左右沼气，同时还可以产生25吨左右的优质有机肥。

2. 餐厨垃圾

餐厨垃圾的主要成分包括谷物、蔬菜、动植物油、肉、骨等，从化学组成上，有淀粉、纤维素、蛋白质、脂类和无机盐等，具有高水分、高油脂、高盐分以及易腐发臭、易生物降解等特点。从其特点来看，餐厨垃圾也具有明显的危险性和资源性。餐厨垃圾含水量和含盐量都较高，堆肥过程中的通风条件和微生物生长易受到影响，堆肥效果差；采用填埋的方法，其渗滤液产生量较普通生活垃圾也较大，增加了环境风险；随着《中华人民共和国动物防疫法》的实施，餐厨垃圾直接用作动物饲料的方法也受到了严格的限制。由于以上原因以及各国相关法规的修订，餐厨垃圾的处理方式逐渐转向资源化利用的途径，其中沼气技术以其有机物降解率高以及回收能源的特点，越来越多地应用到餐厨垃圾的处理中。针对餐厨垃圾的特性，在沼气工程的设计和运行阶段还需注意以下几点：①由于餐厨垃圾中含有骨头、刀叉、筷子、碗等坚硬的物质，这些物质易损坏泵、管道等工艺设施，所以在预处理阶段应该注意设置装置将这些物质去除；②餐厨垃圾中蛋白质含量较高，所以在发酵过程中容易造成氨的积累，在沼气工程的运行中应注意原料性质和进料量的监测，防止氨抑制现象的发生；③餐厨垃圾发酵产生的沼气中硫化氢含量较高，因此脱硫费用较高，制约了能源的有效利用；④餐厨垃圾中易降解有机物比例高，容易酸化。利用沼气发酵技术处理餐厨垃圾的主要难点为原料的收集和转运、进出料及混合搅拌装置的连续稳定运行等方面。

3. 市政污泥

市政污泥含水率高，体积庞大，性质不稳定。其中初沉池污泥和二沉池污泥富含有机物，易降解，可以用作沼气发酵的原料。全世界范围内，将污泥进行厌氧消化处理是通行的污泥无害化处置方法。在污水处理过程中，污泥的产量一般为污水处理量的0.3%~0.5%（污泥含水率为97%）。初沉池和二沉池污泥的产沼气潜力与畜禽粪污的产沼气潜力相近，单位体积的污泥产气率为4~14m^3/m^3污泥，平均7.54m^3/m^3污泥。通常还会采取一些预处理措施来增加沼气产量，例如化学分解、热解、酶解等方法。将市政污泥用作沼气发酵原料最大的限制因素就是污泥中含有一些有害物质，特别是初沉池污泥中含有病原体和一些重金属化合物，这会影响沼渣沼液的肥料还田利用。因为这些原因，在一些国家，使用市政污泥作为原料的沼气工程，沼渣沼液禁止作为肥料在农田中施肥。还有一些国家制定了严格的法律或规范，采取强制的措施防止病原体、重金属等污染物污染环境。由于市政污泥中微生物含量很高，在搜集沼气发酵菌种困难的情况下可以将市政污泥作为沼气发酵的启动菌种。我国北京市高碑店污水处理厂、天津市东郊污水处理厂都建有完善的污泥厌氧消化系统，但总体来看我国城市污水处理厂建设用来处理污泥的沼气工程比例不高，即使建了沼气工程，也有许多沼气工程处于不运行或非满负荷运行中。

三、生活污水的厌氧处理

目前，城市生活污水主要通过污水处理厂集中处理，但仍有许多分散型的生活污水没有纳入到集中处理的污水处理厂中。因此，生活污水净化沼气池仍然是解决分散排放生活污水处理问题的有效手段。生活污水净化沼气池是中国沼气技术研究与推广人员根据厌氧消化和污水处理技术，在水压式沼气池、化粪池的基础上开发的一种处理生活污水的技术，又称城镇净化沼气池。这种简易的生活污水处理技术以其投资分散、不耗能源、运行费用低以及节约用地等优点逐渐发展成为中国南方生活污水分散处理的主要技术，已经得到广泛应用。

生活污水净化沼气池主要包括厌氧消化池、厌氧滤池、兼性滤池等工艺单元组成，污水首先经过厌氧消化池进行沼气发酵去除一部分有机物并生产沼气，然后污水进入厌氧滤池和兼性滤池去除氮、磷等物质，这被称为“合流制”。“分流制”指的是根据粪便污水和其他生活污水不同的特性，仅将粪便污水投入厌氧消化池，消化后的沼液与其他生活污水进入厌氧滤池和兼性滤池进行下一步处理。

中国沼气大事记

日期	事件
19 世纪 90 年代	云南洱海边农民收集洱海中产生的气体，称为“南园火苗”，用于照明、煮饭。
19 世纪末	19 世纪末，将农业废弃物装入土坑中，发酵产生沼气，称为自然生产技术。
20 世纪初	罗国瑞发明了沼气生产和储存技术，于 1929 年在汕头开办了我国第一个沼气推广机构——国瑞瓦斯气公司。
1935 年	罗国瑞编辑出版了中华国瑞沼气技术教材。
1958 年	毛泽东主席在武汉、安徽等地视察农村沼气时指出：沼气又能点灯，又能做饭，又能做肥料，要大力发展，好好推广。
1975 年 4 月	农林部、国家科学技术委员会、国家计划委员会和中国科学院在四川省绵阳安县召开第一次全国沼气利用推广经验交流会。
1979 年 9 月 5 日	国务院批转国家经委、国家科委、国家农委、农业部关于当前农村沼气建设中几个问题的报告的通知，通知指出将沼气建设纳入各级计划，成立全国沼气建设领导小组和沼气办公室，将四川省沼气科学研究所改为农业部领导为主的农业部沼气科学研究所。
1980 年 7 月 10 日	邓小平同志在四川省成都市视察农村户用沼气时指出：发展沼气很好，是个方向，沼气发展要有一个规划，要抓科研，要搞标准化、系列化和通用化，搞沼气还能改善环境卫生，提高肥效，可以解决农村大问题。
1980 年 10 月 18 日	中国沼气协会在北京成立，协会内设在中国农学会。
1981 年 11 月 4 日	联合国开发计划署（UNDP）与中国政府签署了《援助沼气开发技术推广研究与培训中心》项目文件，由 UNDP 和亚太经社会（ESCAP）资助成立“中国成都亚太区域沼气研究和培训中心”，开始承担沼气技术援外培训任务。
1982 年 6 月 18 日	经农业部批准，由中国沼气协会和农业部沼气科学研究所共同创办《中国沼气》杂志。
1983 年 3 月	由农业部主管、中国沼气学会和农业部沼气科学研究所主办的《中国沼气》杂志创刊。
1991 年 3 月 15 日	江泽民同志在湖南省湘潭市考察沼气农户时指出：“农村发展沼气很重要，一可以方便农民生活，二可以保护生态环境”。

（续表）

日期	事件
1991 年 7 月 22 日	中国沼气协会更名为中国沼气学会，加入中国科学技术协会，为国家一级协会。
2002 年 7 月 2 日	《户用沼气池标准图集》GB/T 4750—2002 发布，2003 年 1 月 1 日起实施。
2003 年 8 月 26 日	国家发展和改革委员会、农业部开始下达农村沼气建设国债项目第一批投资计划。以“一池三改”为基本单元，以项目区建池农户为补助对象，中央投资补助标准为：西北、东北地区每户补助 1 200 元，西南地区每户补助 1 000 元，其他地区每户补助 800 元。
2003 年 12 月	胡锦涛总书记到河南省商丘市梁园区双八镇代庄村视察了以“沼气池、改厨、改厕、改圈”为主要内容的农村能源基本建设项目。
2004 年	时任浙江省委书记的习近平同志接受延安电视台采访，在回忆起 1974 年带领梁家河村民一起建设陕西省第一口沼气池时，深情地说：“我又是支部书记，又是沼气专家”。
2007 年 8 月	国家发展和改革委员会、农业部发布《关于进一步加强农村沼气建设管理的意见》（农计发〔2007〕29 号），开始支持联户沼气、养殖小区沼气工程、大中型沼气工程和沼气服务体系建设。
2012 年 3 月 8 日	国家发展和改革委员会、农业部发布《关于进一步加强农村沼气建设的意见》（发改农经〔2012〕589 号），提出科学规划农村沼气发展、拓宽沼气原料来源、提高工程建设质量、健全沼气服务体系运行机制、加快发展大中型沼气工程、加强沼气支撑体系建设和完善沼气发展发展支持政策的要求。
2015 年 4 月	国家发展和改革委员会、农业部联合推动农村沼气转型升级。不再支持户用型沼气池的建设，支持建设日产沼气 500m^3 及以上的沼气工程，并支持日产生物天然气 1 万 m^3 以上的工程开展试点。
2016 年 12 月 21 日	习近平总书记主持召开中央财经领导小组第十四次会议，首次提出“农村能源革命”，要坚持政府支持、企业主体、市场化运作的方针，以沼气和生物天然气为主要处理方向，以就地就近用于农村能源和农用有机肥为主要使用方向，力争在“十三五”时期，基本解决大规模畜禽养殖场粪污处理和资源化问题。
2017 年 5 月 31 日	国务院办公厅发布关于加快推进畜禽养殖废弃物资源化利用的意见（国办发〔2017〕48 号），将继续支持以畜禽粪便为主要原料的生物天然气项目，大中型沼气工程的建设。落实沼气发电上网标杆电价和上网电量全额保障性收购政策。落实沼气和生物天然气增值税即征即退政策，支持生物天然气和沼气工程开展碳交易项目。